戰車大百科

World Tank Episodes Collection

SHIN UEDA
上田 信

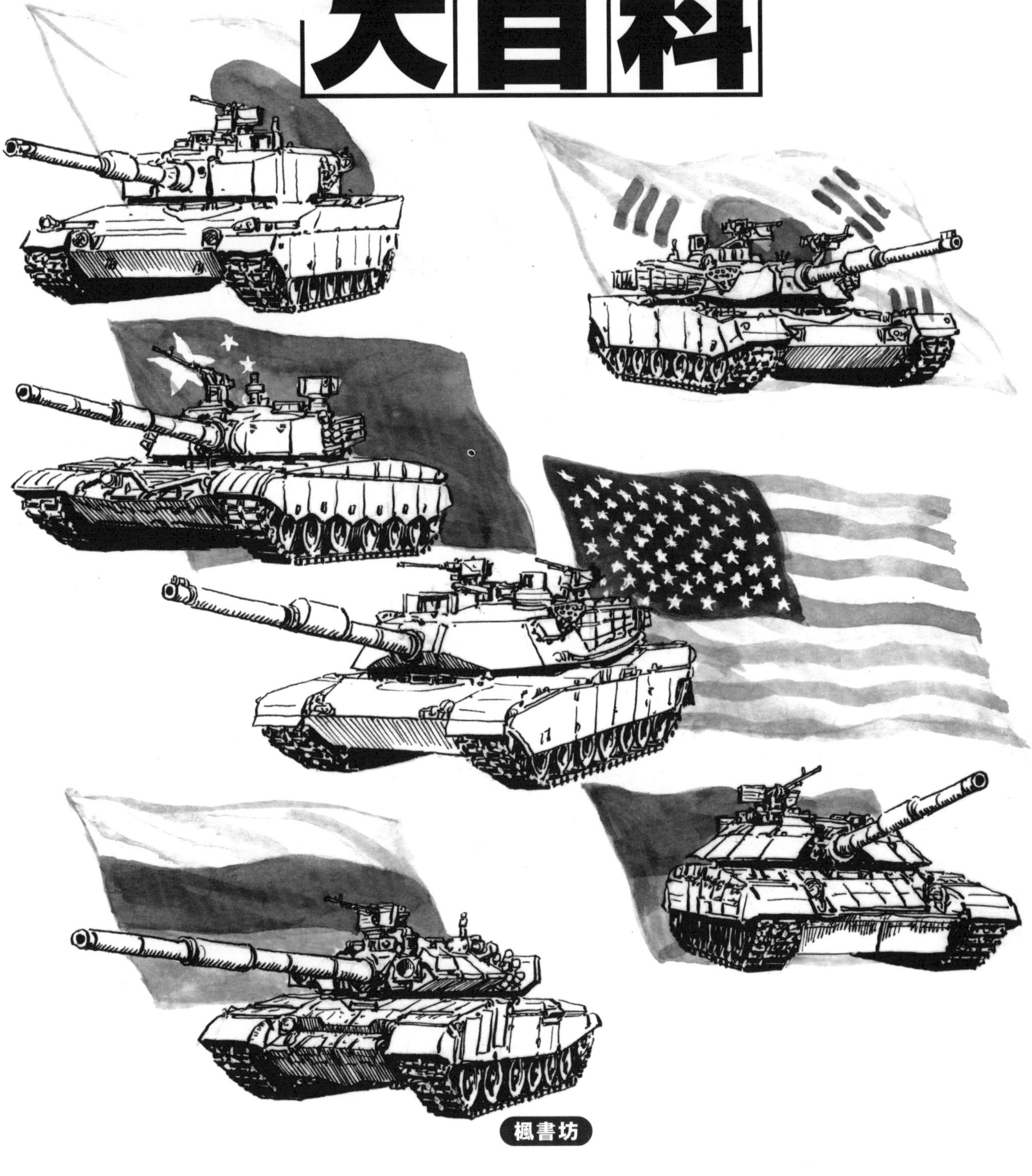

楓書坊

序

World Tank Episodes Collection

本書《戰車大百科》是原本在雜誌《月刊Armour Modelling》上連載的同名專欄集結而成的單行本。

當初會開始連載這個專欄，是因為2010年初我和過去熟識的一群軍事愛好者聚會時，大家聊到了

「1960年代的戰爭漫畫熱潮那時候的少年漫畫雜誌，不論畫面或標題文案的風格都很強烈，實在很有意思。」

的確，當時戰車的實際照片及資料都遠比現在少，以現在的觀點來看，也有一些考證上的錯誤，但

「世界第一坦克部隊」

「日本傲視全球的水陸兩用車」

「移動要塞戰車的祕密」

「陸戰之王——戰車」

等各式各樣的作品都讓人不自覺地看到出神。

因此，我嘗試在新專欄中呈現出自己過去閱讀的圖解百科風格，以充滿震撼力的插圖為主，搭配吸引目光的標題，藉此充分展現戰車的魅力，就這樣展開了連載。

希望能透過這本書帶領大家進入讓當年的我雀躍不已的戰車世界。

請大家多多指教。

上田 信

▶這是開始連載時刊出的作者自畫像，看起來正在煩惱該讓筆下的哪個人物在書中擔任解說的角色。至於是誰中選了呢？就請繼續看下去吧。

目次

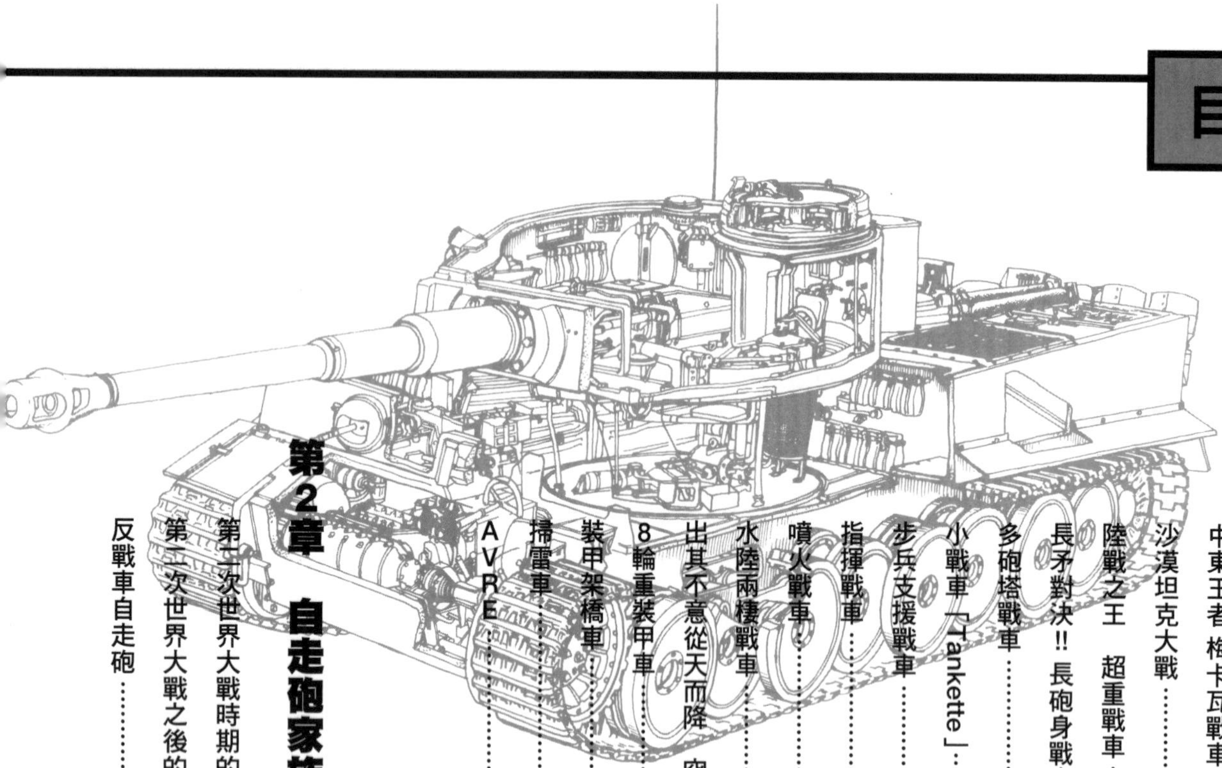

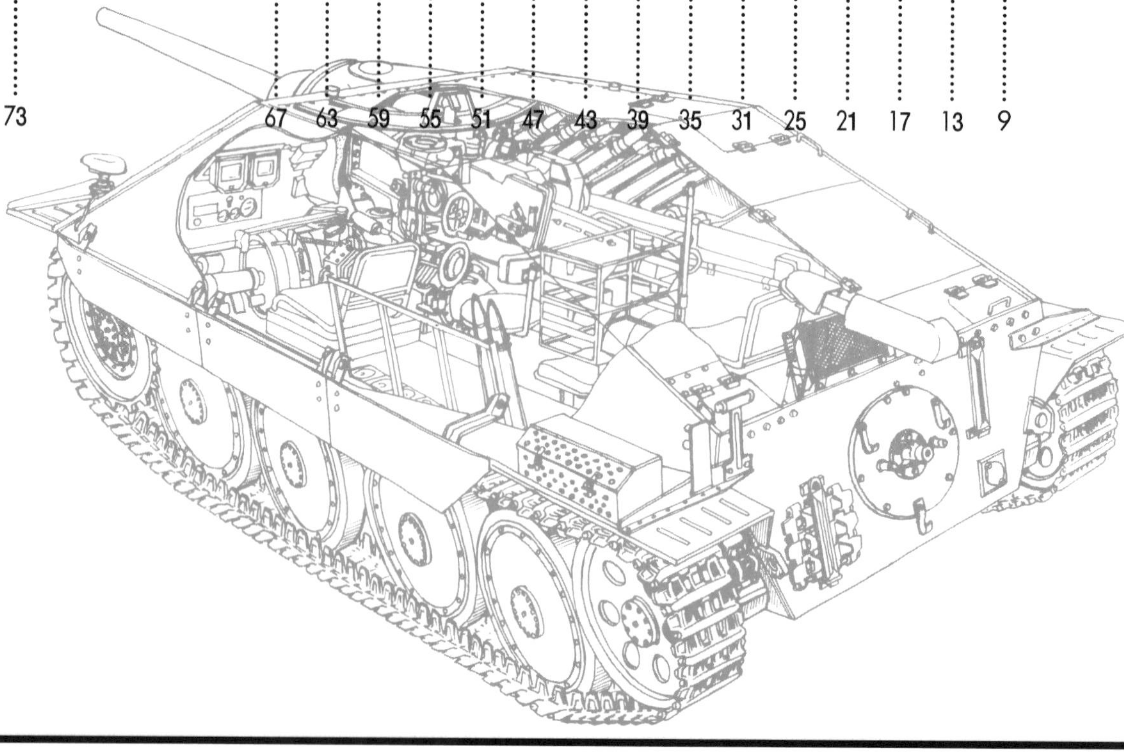

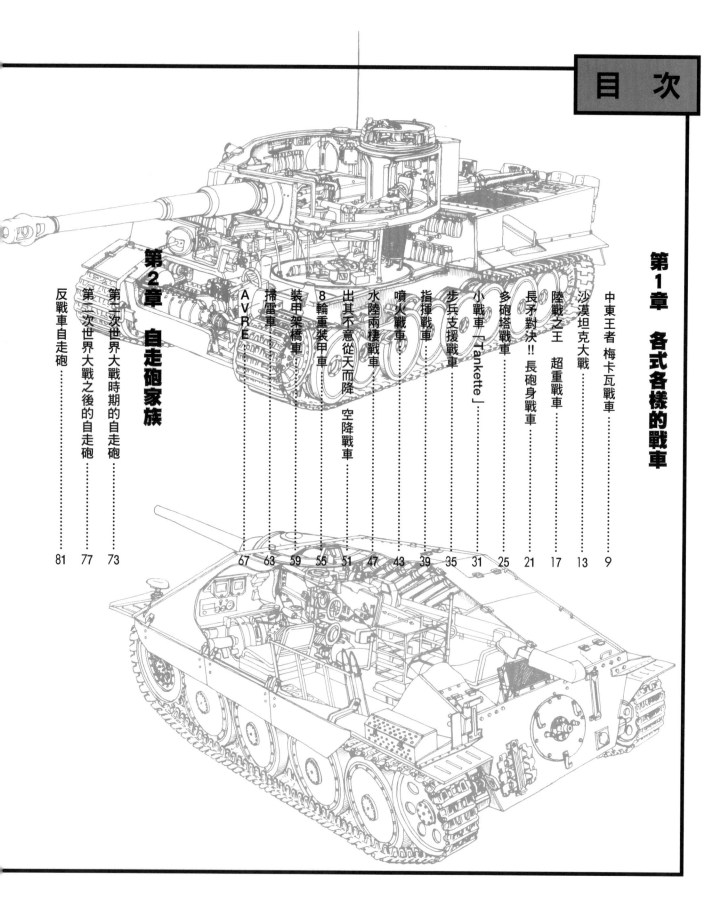

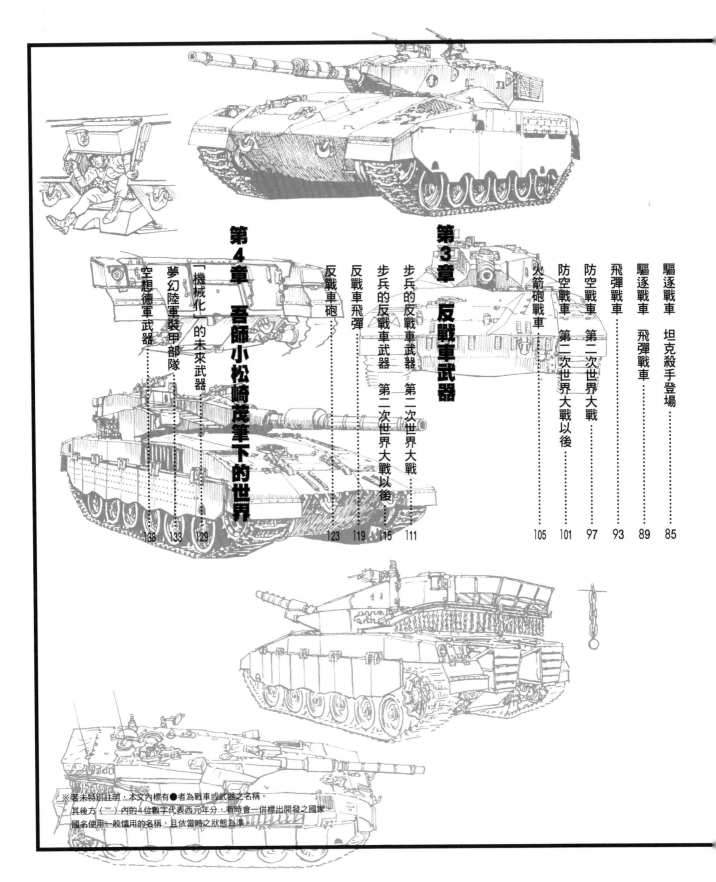

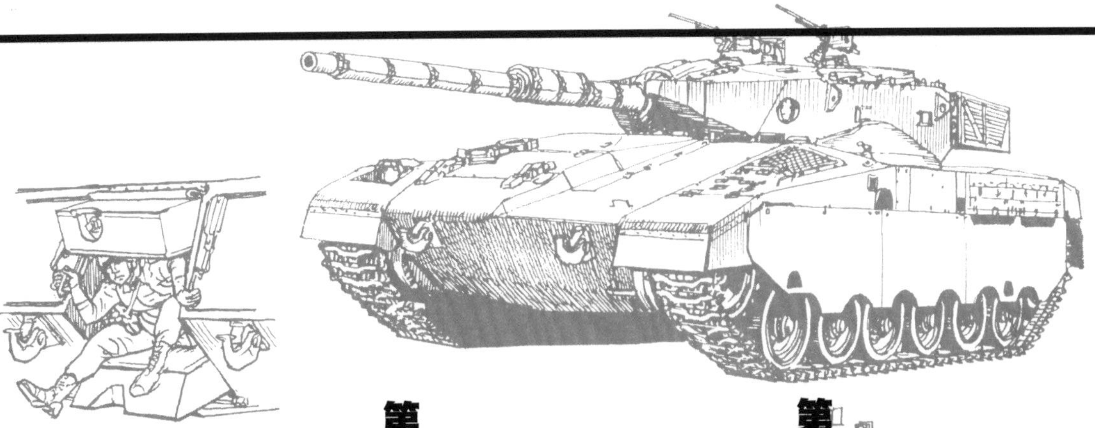

第3章　反戰車武器

第4章　吾師小松崎茂筆下的世界

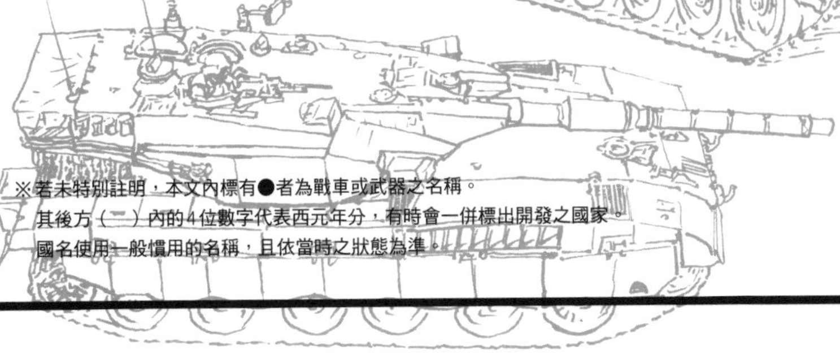

※若未特別註明，本文內標有●者為戰車或武器之名稱。
其後方（　）內的4位數字代表西元年分，有時會一併標出開發之國家。
國名使用一般慣用的名稱，且依當時之狀態為準。

出處一覽

■月刊Armour Modelling

2010年6月号（Vol.128）	第1回	火炎放射戦車
2010年8月号（Vol.130）	第2回	空から不意打ち 空挺戦車
2010年10月号（Vol.132）	第3回	大あばれマンモス戦車 ドイツ編（本書未収録）
2010年12月号（Vol.134）	第4回	陸戦の王者マンモス戦車 各国編
2011年2月号（Vol.136）	第5回	水陸両用戦車
2011年4月号（Vol.138）	第6回	中東の王者 メルカバ戦車
2011年6月号（Vol.140）	第7回	長槍勝負!!
2011年8月号（Vol.142）	第8回	架橋戦車
2011年10月号（Vol.144）	第9回	地雷除去戦車
2011年12月号（Vol.146）	第9回*	ミサイル戦車
2012年2月号（Vol.148）	第10回	砂漠の戦車戦
2012年4月号（Vol.150）	第11回	対空戦車第2次大戦編
2012年6月号（Vol.152）	第12回	対空戦車現用編
2012年8月号（Vol.154）	第13回	8輪重装甲車
2012年12月号（Vol.158）	第14回	多砲塔戦車
2013年2月号（Vol.160）	第15回	豆戦車（タンケッテ）
2013年4月号（Vol.162）	第16回	歩兵支援戦車
2013年6月号（Vol.164）	第17回	ロケット砲戦車
2013年8月号（Vol.166）	第18回	対戦車自走砲
2013年10月号（Vol.168）	第19回	駆逐戦車　タンクキラーの登場
2013年12月号（Vol.170）	第20回	駆逐戦車（ミサイル戦車）
2014年2月号（Vol.172）	第21回	AVRE
2014年4月号（Vol.174）	第22回	指揮戦車
2014年8月号（Vol.178）	第23回	機械科の未来兵器
2014年10月号（Vol.180）	第24回	小松崎ワールド第二弾
2014年12月号（Vol.182）	第24回*	小松崎ワールド第三弾　盟邦ドイツ応援兵器
2015年4月号（Vol.186）	第25回	歩兵対戦車兵器
2015年6月号（Vol.188）	第26回	歩兵対戦車兵器 第2次大戦後
2015年8月号（Vol.190）	第27回	対戦車ミサイル イスラエル軍第14機甲旅団殲滅
2015年10月号（Vol.192）	第28回	対戦車砲　陸の王者 戦車への刺客
2015年12月号（Vol.194）	第29回	忍者の新兵器（本書未収録）
2016年2月号（Vol.196）	第30回	自走砲
2016年6月号（Vol.200）	第31回	自走砲　第2次大戦後編

※《月刊Armour Modelling》上連載的第9回與第24回內容有所重複，在此向讀者致歉。

第1章

各式各樣的戰車

World Tank Episodes Collection

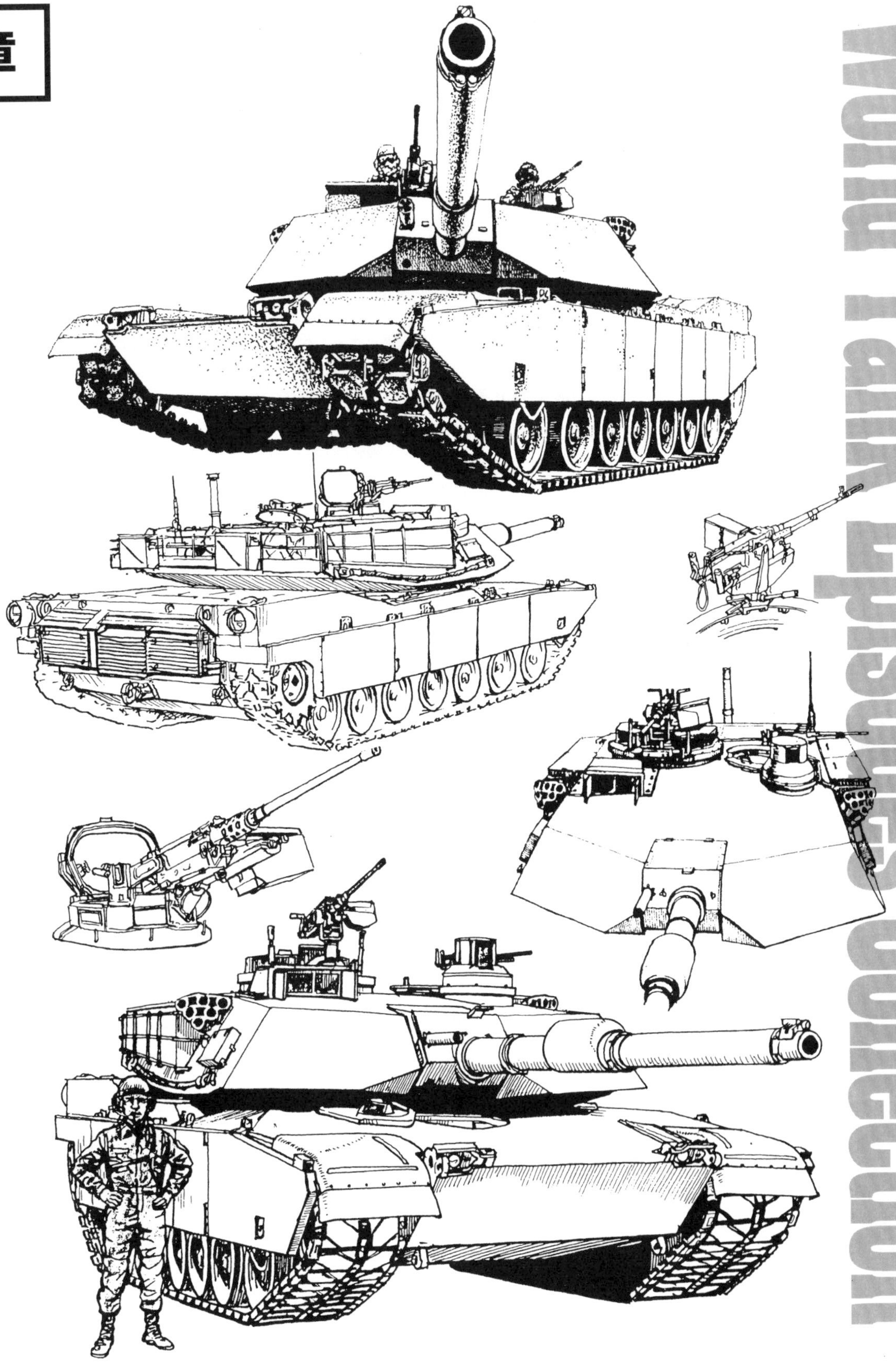

各式各樣的戰車

在第一次世界大戰才開始實用化的戰車以重量來說，每一種都有20多噸到30噸出頭。第二次世界大戰爆發之際，作為坦克部隊主力機動運用的車輛，重量則以10噸以下到10幾噸為主，這種變化是受到戰間期的軍備縮減影響所導致。相對於此，各國則開發了火力更強、裝甲更厚的「重戰車」作為支援戰車，重量從40噸到50噸以上。

這時候則把因為戰車的發達而顯得過時，或是為了偵察、警戒等目的打造的小型戰車稱為「輕戰車」，當時的戰車便可約略分為這三個等級。在第二次世界大戰尾聲，作為主力的戰車（某些國家稱為「中型戰車」）重量大致控制在30到40多噸，並有60、70噸以上的重戰車投入實戰。

第二次世界大戰後，各國根據過去發展中型戰車的經驗，開發出新型戰車。新型戰車的重量介於30多噸至50噸間，並搭載了90～100㎜口徑的戰車砲（旋膛砲）等，兼具了重戰車的功能，伴隨著「主力戰車（MBT＝Main Battle Tank）」一詞的出現，重戰車這個分類也就銷聲匿跡了。

英國的百夫長、美國的M46／M47巴頓、蘇聯的T-54等戰車被稱為戰後（第二次世界大戰後之意）的第一代主力戰車。日本的61式戰車實用化的時期雖然接近下一世代，但也被歸類為第一代。

由於英國皇家兵工廠105㎜旋膛砲L7的出現，西方民主陣營國家為汰換第一代主力戰車所打造的新型戰車除了少數例外，皆搭載了105㎜砲。至於蘇聯則將115㎜滑膛砲實用化，成為共產陣營（蘇聯）戰車的標準配備。此外，隨著反戰車飛彈的服役，比起直接抵禦飛彈的能力，各國更重視高機動性及低車身所帶來的間接防護力，尤其鑄造砲塔特別落實了傾斜裝甲（將裝甲做出傾斜角度，將敵方砲彈彈開的概念）之設計。紅外線投光器（主動式夜視裝置）也為戰車帶來了夜間戰鬥能力。

德國的豹1型、美國的M60巴頓、法國的AMX-30、瑞典的Strv.103（通稱S型戰車）、蘇聯的T-62／T-64等則被稱為戰後的第二代主力戰車。稍微晚一些問世的日本的74式戰車及以色列的梅卡瓦戰車同樣是第二代的一員。

當配備125㎜滑膛砲與複合裝甲的蘇聯T-72戰車登場後，為了與之對抗，民主陣營國家的戰車也邁入了第三代。第三代主力戰車的主砲皆採用德國萊因金屬的120㎜滑膛砲，因裝備複合裝甲，車體重量來到了50至60噸，可與過去的重戰車匹敵。為使戰車能高速、靈活運動，使用的是1500匹馬力的引擎。

雖然第二代主力戰車的攻擊力凌駕於防護力之上，但複合裝甲抗衡了此一趨勢，並帶來了足以逆轉反戰車飛彈的重大轉變。由原本以鑄造方式打造的曲面，轉變為平面組合而成的砲塔設計，是第三代主力戰車的另一重大特徵。雷射測距儀及被動式夜視裝置等配備也大幅提升了主砲的命中精度。

德國的豹2型、美國的M1A1艾布蘭、英國的挑戰者1式、蘇聯的T-80、義大利的C1公羊等都屬於第三代主力戰車。日本的90式戰車、法國的勒克萊爾、中國的99式戰車等也在後來加入了第三代主力戰車的行列，前二者還配備了自動裝彈機、目標自動追蹤功能等先進裝備。

過去的戰車使用年限為20至30年，一般的整備方針為服役10至15年後汰換為新型車種，以確保部隊中約有半數為當時的最新型戰車。

但在波斯灣戰爭後，便已不再出現大規模坦克部隊的交鋒，取而代之的是非正規戰及低強度戰爭增加。此一情勢催生了全方位防護等防護力相關構想的轉變，過去的戰車更新循環也已不復存，變成了藉由改裝及重整既有戰車以延長服役年限、提升性能。

話雖如此，各國仍針對妨礙到戰車靈活運用的重量過重問題進行檢討，並為了引進戰車及部隊間的網路化等新概念進行開發。日本的10式戰車、俄羅斯的T-14阿瑪塔等戰車皆在此列，但是目前仍未建立起可定義第四代主力戰車的前提條件。

第一章將會向各位讀者介紹各式各樣新舊戰車，以及專為特定功能或目的打造的特殊戰車、利用戰車底盤搭載工兵器材設計出的戰鬥車輛等。

（文／浪江俊明）

中東王者 梅卡瓦戰車

梅卡瓦戰車是第二次世界大戰後建國的以色列在中東經歷多次戰爭後所開發出來的。這款重視乘員性命、將重點放在防禦力上的戰車也配合時代變遷，在性能上做出了調整。

梅卡瓦戰車於1982年黎巴嫩戰爭的加利利和平行動首度在實戰中亮相。

梅卡瓦戰車最大的特色可說是將重點放在防禦能力上的設計。

戰車乘員所在的戰鬥室位於車身後方，裝甲與裝備器材的配置也具有保護戰鬥室的作用。

引擎與變速箱則有如盾牌般配置於車身前方。

懸吊系統位於左右兩側，NBC防護裝置及電瓶、彈藥庫設計在車身後方，皆以雙層裝甲加以保護。

龐大的車身以及有鯊魚頭之稱的攻擊造型感覺超可靠的♡

梅卡瓦戰車的另一項特殊設計是尾端設有艙門，可由此進出戰鬥室，主砲的砲彈收納於通道左右的不可燃儲存室中。

若減少搭載的彈藥數量，清出來的空間便可用於載送士兵或傷者。

遙控式12.7㎜機槍

●雌虎步兵戰車

除三名乘員外，可搭乘八名步兵，車內設有馬桶，士兵可長時間留在車內戰鬥。

這就是 世界最強戰車 梅卡瓦家族!!

■梅卡瓦戰車的發展沿革

以色列從1970年開始開發國產戰車，於1974年完成第一輛試作戰車。1979年起配發至裝甲部隊。

●Mk.1（1977）

獨特的造型與概念引起了全世界矚目

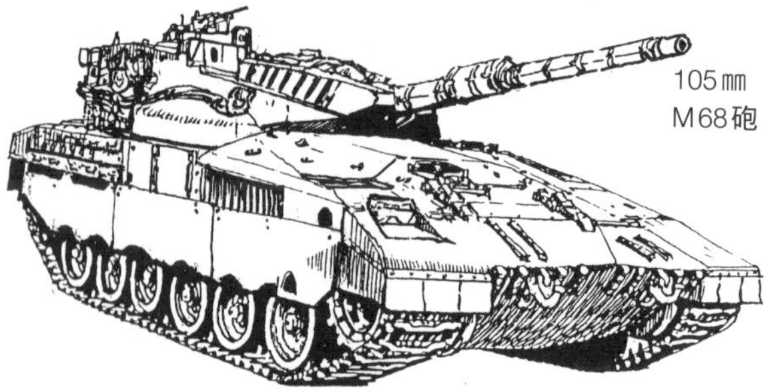

105㎜ M68砲

●Mk.2（1983）

吸取了黎巴嫩戰爭的經驗，提升機動力與防禦力

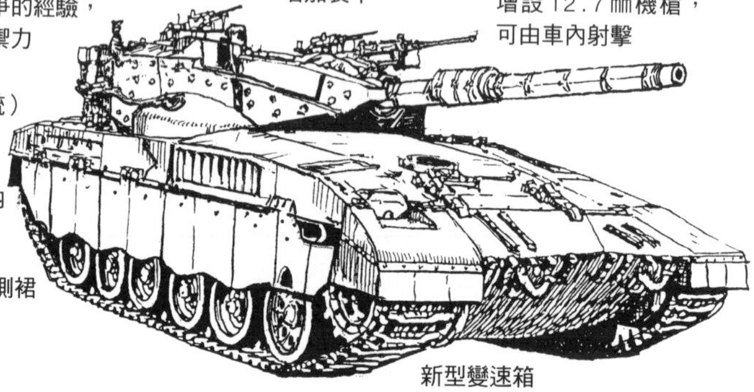

增加裝甲

增設12.7㎜機槍，可由車內射擊

搭載新型FCS（射控系統）

迫擊砲設置於砲塔內

新型側裙

新型變速箱

●Mk.3（1990）

新設計的車體全面提升了移動、攻擊、防禦性能

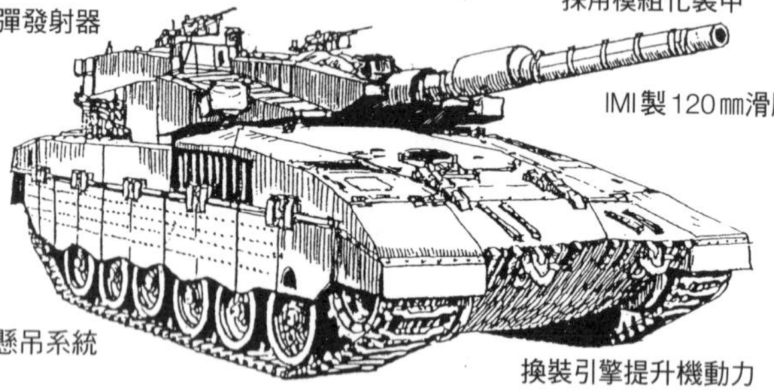

全新FSC

煙霧彈發射器

採用模組化裝甲

IMI製120㎜滑膛砲

改良懸吊系統

換裝引擎提升機動力

●Mk.2B

改進FSC，並搭載熱影像瞄準儀

●Mk.3Baz

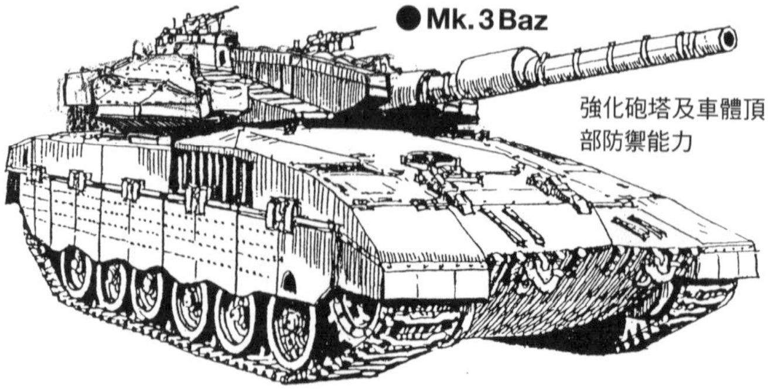

強化砲塔及車體頂部防禦能力

●Mk.2 BATSH

進一步強化防禦力

可發射砲射飛彈「LAHAT」

追加砲塔頂部裝甲，配備煙霧彈發射器

●附除雷裝置梅卡瓦Mk.4
●戰車回收車
配備大型吊臂
也可安裝推土鏟
被認為可擊破所有現有主力戰車的120㎜砲
梅卡瓦戰車經歷了多次實戰，並持續改良，打造出堪稱全球最頂尖的防禦力。梅卡瓦在希伯來語中為古代的馬戰車之意。

●梅卡瓦Mk.4（2001）
根據在巴勒斯坦的戰鬥獲得的經驗大幅改良裝甲及裝備，更適合城鎮戰，引擎也換裝為MTU883（1500hp），提升了馬力，使機動力可與各國主力戰車比肩。

■梅卡瓦Mk.2內部圖

Mk.4基本上也相同

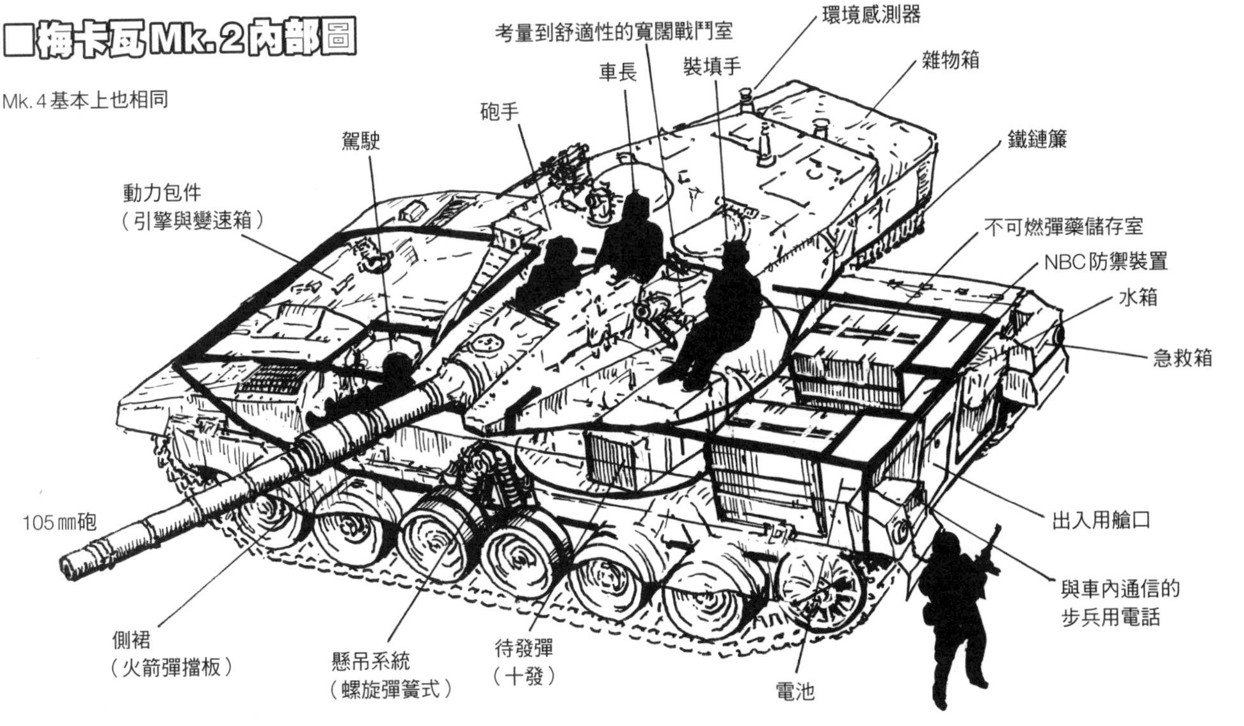
考量到舒適性的寬闊戰鬥室
環境感測器
雜物箱
車長
裝填手
砲手
駕駛
鐵鏈簾
動力包件
（引擎與變速箱）
不可燃彈藥儲存室
NBC防禦裝置
水箱
急救箱
105㎜砲
出入用艙口
與車內通信的
步兵用電話
側裙
（火箭彈擋板）
懸吊系統
（螺旋彈簧式）
待發彈
（十發）
電池

■為了城鎮戰需求更加進化的Mk.4
在2006年的黎巴嫩戰爭中首度上陣的Mk.4，雖然擋下了伊斯蘭軍事組織真主黨的RPG火箭推進榴彈攻擊，但未能防住反戰車飛彈9M113。
・遙控式7.62㎜機槍
・以類似鱟魚的碟型裝甲防禦砲塔
・會追蹤偵測到的飛彈並加以破壞
・60㎜迫擊砲
・煙霧彈發射器
・12.7㎜同軸機槍。此處有時也會裝設40㎜榴彈槍
・戰利品主動防禦系統偵測反戰車飛彈的雷達，砲塔設有四具，可進行全方位警戒。完成於2007年
・梅卡瓦戰車的副武器全都可由車內操作
・透過外部監視攝影機進行全方位監看
・減少發出紅外線的散熱柵口
・配備戰利品主動防禦系統的Mk.4尚未參加過實戰證明其效用

※戰利品主動防禦系統於2011年3月攔截了巴勒斯坦武裝勢力的反戰車飛彈攻擊，首度於實戰中成功迎擊。

■戰場上的敵手

梅卡瓦與T-72交戰後便幾乎沒有再與戰車對戰過，轉變成了專在城鎮作戰的步兵戰車。

●T-72

125㎜滑膛砲

在1982年的加利利和平行動中，Mk.1曾與敘利亞的T-72交戰

●挑戰者1式（英國製）

約旦

120㎜砲

●M1A2（美國製）

埃及

120㎜滑膛砲

●土製炸彈

◎攻擊直升機

包括了瞪羚直升機、Mi-24雌鹿直升機等。雖然攻擊直升機是最可怕的敵人，但梅卡瓦戰車也有以色列空軍撐腰

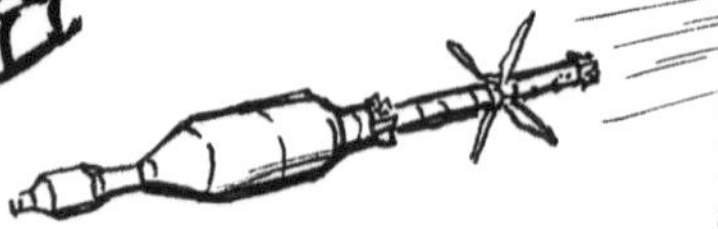

●RPG-7

貫穿能力250㎜～300㎜

●RPG-29

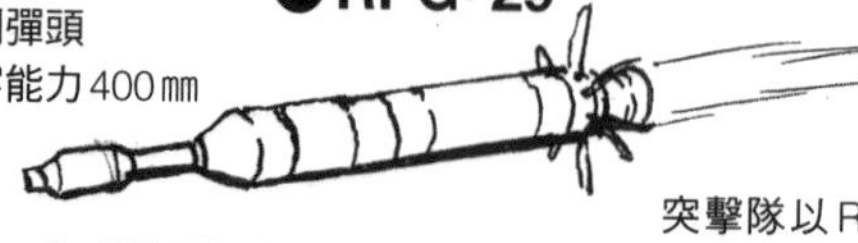

縱列彈頭
貫穿能力400㎜

突擊隊以RPG進行的集中攻擊對梅卡瓦戰車而言是不能輕忽的大敵

◎反戰車飛彈

●9K111 Fagot

貫穿能力400㎜～460㎜
於1977年擊破了Mk.2，以色列因而加緊開發Mk.2 baz

●9M113 Konkurs

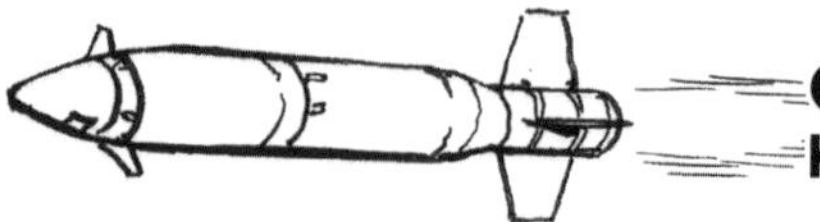

即便是Mk.4，某些部位遭這款飛彈擊中仍會造成損害
貫穿能力750㎜～800㎜

沙漠坦克大戰

美國陸軍的M1艾布蘭人氣原本不如德國的豹型、以色列的梅卡瓦，但在波斯灣戰爭中比下了伊拉克軍方的俄羅斯戰車後，評價扶搖直上。

在波斯灣戰爭中，伊拉克軍隊與多國聯軍
合計出動了7000輛戰車正面交鋒。

■無敵戰車M1A1的證明①

一輛朝幼發拉底河畔進軍的M1A1因陷入泥坑而動彈不得，在等待戰車回收車前來之際，遭受了伊拉克軍的戰車小隊（三輛T-72）攻擊，在無法移動的狀態下展開砲戰，雖然挨了三發砲擊，但仍悉數殲滅三輛敵方戰車。

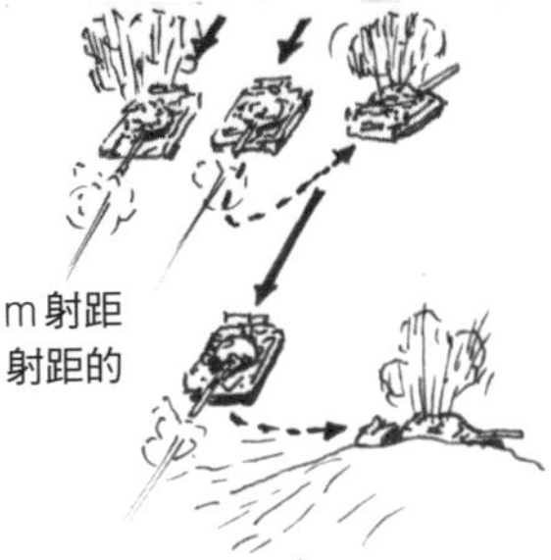
彈開了來自1000m射距的2發以及400m射距的125㎜砲彈。
TIS也發現了隱藏於沙丘的另一輛，將其擊破

這個故事還有後續。當友軍的M1A1得知這輛戰車無法回收後，本來打算進行攻擊加以破壞，但砲彈遭正面裝甲彈開，砲塔後方也因為防爆門及自動滅火裝置而無法完全破壞。最後總算設法回收了這輛有如不死之身的戰車，並在更換砲塔後重回戰場。

來自遠距離的砲擊使得T-72單方面挨打，有些戰車甚至關閉形成熱源的引擎，手動旋轉砲塔，將M1A1開砲時的火光當作目標進行反擊，但仍接二連三遭擊破。
沙塵及黑煙遮蔽了戰場的視線
伊拉克軍方的戰車在波斯灣戰爭的戰車戰中，是埋伏在掩體內迎擊美軍。
不意外地發生了誤擊友軍的狀況
由於太多伊拉克軍的車輛同時遭擊破，燃燒的火焰還一度使得熱成像瞄準裝置無法運作
由於T-72的彈藥庫位在砲塔下方，遭擊中時的殉爆炸飛了砲塔
沒有熱成像瞄準裝置的T-72在夜戰中單方面挨打，受到M1A1來自射程外的攻擊

PM12：17～1：00

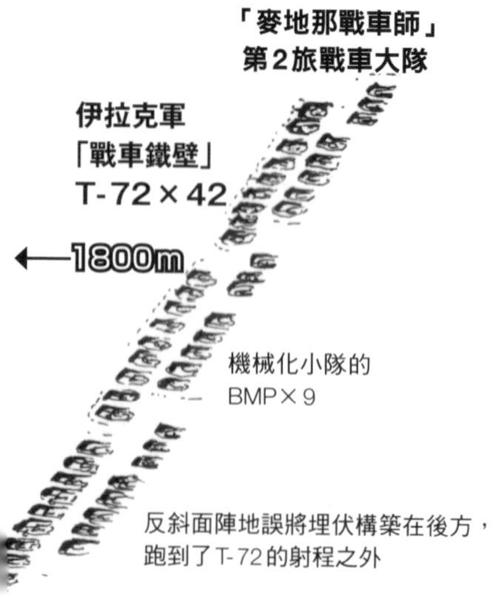
「麥地那戰車師」
第2旅戰車大隊
伊拉克軍
「戰車鐵壁」
T-72×42
1800m
機械化小隊的
BMP×9
反斜面陣地誤將埋伏構築在後方，跑到了T-72的射程之外

■M1A1戰車與T-72戰車的戰鬥能力

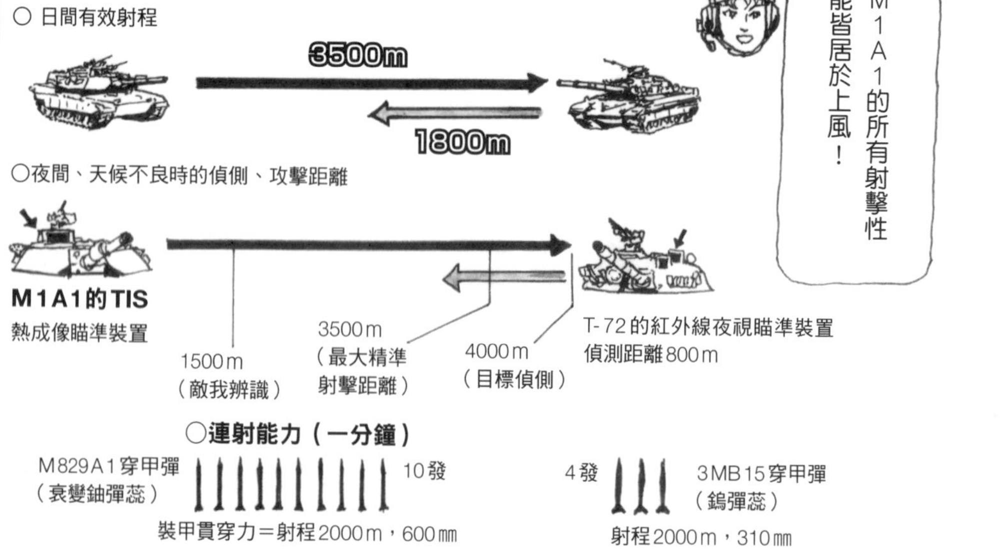
○ 日間有效射程
3500m
1800m
○夜間、天候不良時的偵側、攻擊距離
M1A1的TIS
熱成像瞄準裝置
1500m
（敵我辨識）
3500m
（最大精準射擊距離）
4000m
（目標偵側）
T-72的紅外線夜視瞄準裝置
偵測距離800m
○連射能力（一分鐘）
M829A1穿甲彈
（衰變鈾彈蕊）
10發
裝甲貫穿力＝射程2000m，600㎜
4發
3MB15穿甲彈
（鎢彈蕊）
射程2000m，310㎜
M1A1的所有射擊性能皆居於上風！

伊拉克軍的反斜面防禦戰術目的為趁美軍翻越山嶺沿斜面往下時進行攻擊
阿帕契攻擊直升機
於高度9m以下的超低空攻擊地面
M1A1以時速5至10㎞前進，同時進行精準射擊
M2布雷德利裝步戰車
掩護戰車部隊
攻擊步兵掩體
車上搭載的TOW拖式飛彈可擊破伊拉克軍戰車
車長為確認周遭狀況，會將頭探出
雖然伊拉克步兵假意投降，趁機以RPG進行反擊，但遭熱成像瞄準裝置發現，美軍使用同軸機槍加以殲滅

■無敵戰車M1A1的證明②

波斯灣戰爭的戰況

T-72
T-62
T-55

有兩輛遭夜間伏擊，從背後被擊中，但無人陣亡

開戰時伊拉克軍在科威特部署了3475輛戰車，其中40%遭空襲破壞

參與波斯灣戰爭的M1A1共2376輛，M1為835輛，合計3211輛

另外有9輛遭友軍誤擊，7輛被地雷破壞。
伊拉克軍有超過800輛戰車遭擊破，而M1A1僅有2輛損壞，擊破比率竟高達1比400，可以說是大獲全勝。

●麥地那嶺戰役　1991年2月27日

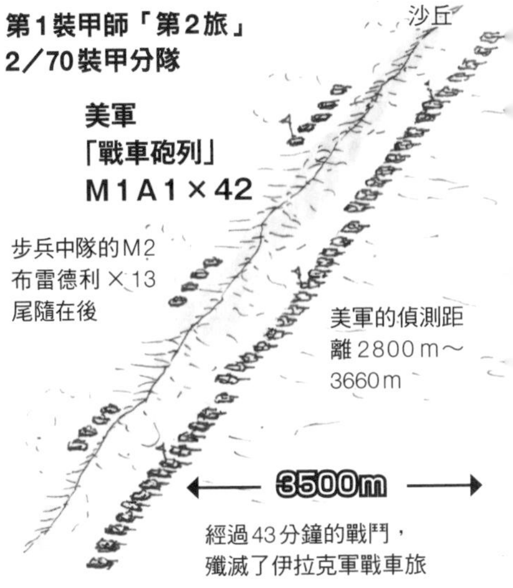
第1裝甲師「第2旅」
2／70裝甲分隊
沙丘
美軍
「戰車砲列」
M1A1×42
步兵中隊的M2
布雷德利×13
尾隨在後
美軍的偵測距離2800m～3660m
3500m
經過43分鐘的戰鬥，殲滅了伊拉克軍戰車旅

■突破伊拉克軍防禦，長驅直入

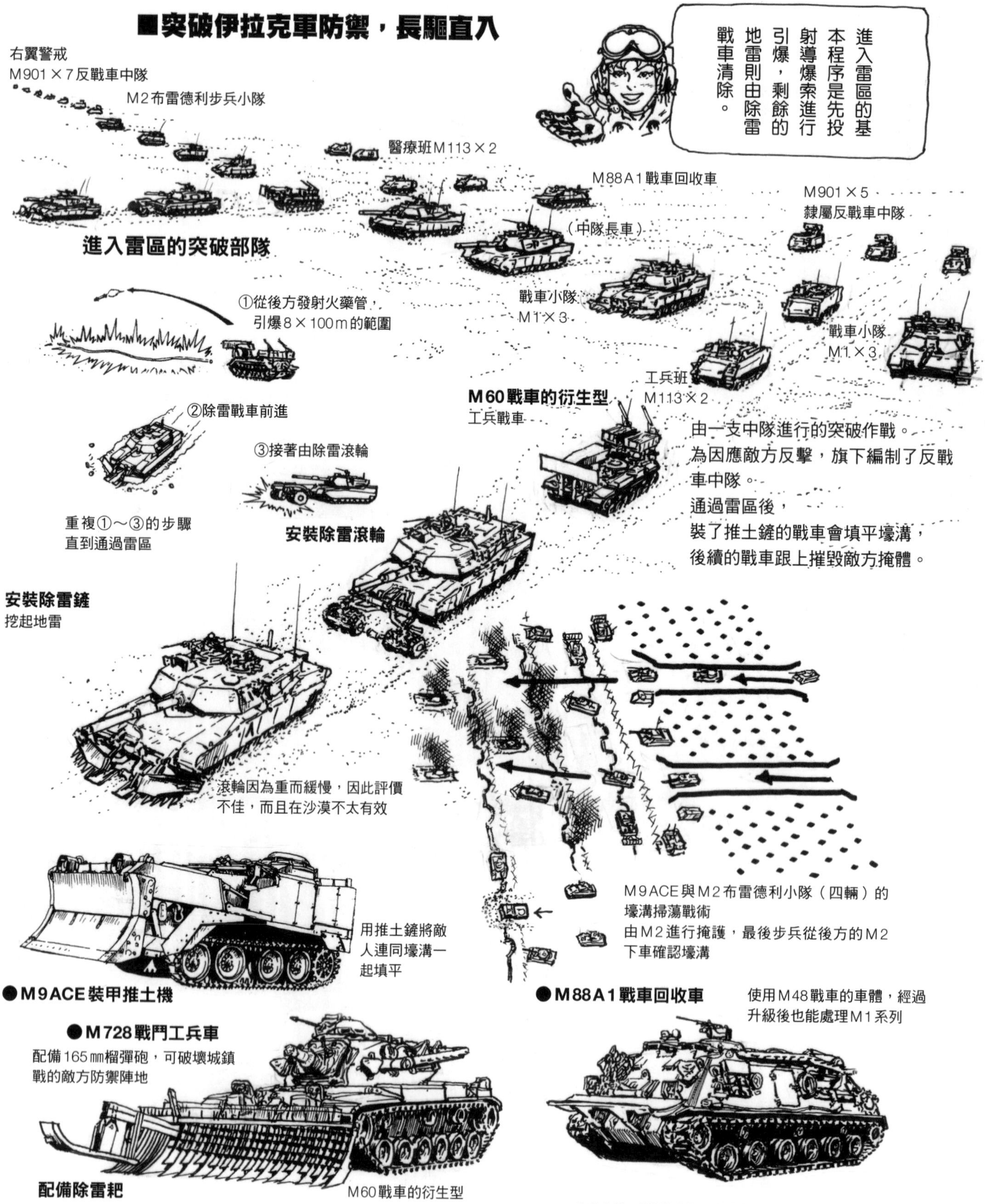
進入雷區的基本程序是先投射導爆索進行引爆，剩餘的地雷則由除雷戰車清除。
右翼警戒
M901×7反戰車中隊
M2布雷德利步兵小隊
醫療班M113×2
M88A1戰車回收車
M901×5
隸屬反戰車中隊
（中隊長車）
進入雷區的突破部隊
①從後方發射火藥管，
引爆8×100m的範圍
戰車小隊
M1×3
戰車小隊
M1×3
工兵班
M113×2
M60戰車的衍生型
工兵戰車
②除雷戰車前進
③接著由除雷滾輪
由一支中隊進行的突破作戰。
為因應敵方反擊，旗下編制了反戰車中隊。
通過雷區後，
裝了推土鏟的戰車會填平壕溝，
後續的戰車跟上摧毀敵方掩體。
重複①～③的步驟
直到通過雷區
安裝除雷滾輪
安裝除雷鏟
挖起地雷
滾輪因為重而緩慢，因此評價不佳，而且在沙漠不太有效
M9ACE與M2布雷德利小隊（四輛）的壕溝掃蕩戰術
由M2進行掩護，最後步兵從後方的M2下車確認壕溝
用推土鏟將敵人連同壕溝一起填平
●M9ACE裝甲推土機
●M88A1戰車回收車
使用M48戰車的車體，經過升級後也能處理M1系列
●M728戰鬥工兵車
配備165㎜榴彈砲，可破壞城鎮戰的敵方防禦陣地
配備除雷耙
M60戰車的衍生型

參考文獻：《湾岸戦争大戦車戦》河津幸英著／IKAROS出版

陸戰之王 超重戰車

戰車於第一次世界大戰登場之後，不負「陸上戰艦」的稱號，變得更為堅固、體積龐大。然而，大到失去實用性的車輛最終並未順利化身為戰場上的兵器，而是紛紛胎死腹中。

●試製100噸戰車「O-I超重型戰車」
日本陸軍規劃的超重戰車。
重量100噸 乘員11人
105㎜砲×1，47㎜砲×2
7.7㎜機槍×3
尼米茲！麥克阿瑟！有膽就來啊！我們可是有O－I超重戰車喔！
龐大的車身雖然很可靠，但在日本的地形好發揮嗎？
諾門罕戰役的教訓令日本決定研發對上蘇聯時不會居於下風的戰車，並打造出了試作車。
●九七式中戰車
日本陸軍的主力戰車，圖為新砲塔Chi-Ha。
這裡要介紹的是比曾經在實戰中更為大顯身手的重戰車——虎Ⅱ戰車（69噸）更大的超重戰車。世界各國曾計畫開發多款超重戰車，但絕大多數最後都胎死腹中。因此接下來要介紹的，也有許多是僅存在於計畫中的戰車，還請大家諒解。

●門得列夫超重戰車（俄羅斯，1915）
在計畫階段便告終
重量170噸
120㎜砲×1 機關槍×1

●飛象坦克（英國，1916）
重量100噸 乘員8人
57㎜砲×1 機關槍×6
在即將完成前中止製造
由於Mk. I戰車表現優異，
軍方因而決定不需要費用
高昂的重戰車

裝上了小型履帶，避免底部
造成阻礙

●K戰車（德國，1918）
即將完成2輛之際戰爭便已結束，
沒有上戰場
重量150噸
乘員22人
77㎜砲×4，機關槍×7
最高速度7.5㎞／h

●2C戰車
（法國，1923）
生產了10輛，於第二次
世界大戰出動。但在以火
車運送的途中遭破壞
重量70噸
乘員13人
75㎜砲×1
機關槍×4

※ 右方的TOG是The Old Gang的縮寫，為「老戰友」之意，也代表了這是由新成立的特殊車輛開發委員會中的技術人員所設計的。

■英國

●TOG（1941）
二戰初期為了突破齊格菲防線所
開發，僅有試作車
看起來虛有其表，像是急就章製
造出來的
重量81.3噸
乘員6名
75㎜砲×1
40㎜砲×1
最高速度
14㎞／h

●A39土龜重型突擊坦克（1947）
重量79.3噸 乘員7人
最大裝甲230㎜
32磅（94㎜）砲×1
7.92㎜機槍×3
最高速度20㎞／h

■美國

●T28／T95（1945）
為了攻下德軍大肆宣揚
不會被攻陷的要塞
地帶，美軍開發
出了這款重戰
車，共生產兩輛
重量85.5噸
乘員8名
最大裝甲300㎜
105㎜砲×1
2.7㎜機關槍×1
最高速度13㎞／h

裝有四條履帶，可用擋泥板上的吊
臂拆裝外側的履帶，分別因應狀況
良好與惡劣的路面

土龜重型突擊坦克擁有英國最大最強的反戰車砲，
可以將德國的88㎜砲打飛，是超強的步兵戰車!!
生產出六輛試作車

移動要塞 各式各樣的超重戰車

■蘇聯

●T-39超重戰車（1938）

重量90噸
152㎜砲×1
45㎜砲×3
7.62㎜機關槍×4

在基洛夫工廠構想出來的移動要塞，於模型製作階段中止

●TG-5／T-42重戰車（1931）

重量100噸
45㎜防空砲×1
107㎜砲×1
76.2㎜砲×1
7.62㎜機關槍×5

德國技師所設計的陸上軍艦，在設計階段便中止

●三層砲塔型

有全新的主砲塔與防空射擊用的副砲塔

●多砲塔型

蘇聯重戰車少不了的設計

還有特殊形狀的主砲塔

●車身裝備型

上方直接搭載了KV-1的砲塔

●同軸搭載型

裝備了同軸的107㎜主砲、45㎜副砲

◎計畫重戰車KV-4（1941）

蘇聯曾計畫開發多款重量九十噸級的KV戰車
雖然在設計階段便中止，
但有不少獨特的車身設計
上面便是其中幾個例子

大家可能會以為蘇聯應該有很多超重戰車，但實際上並非如此。蘇聯的確有一大堆設計獨特的戰車，卻沒什麼超過70噸的，由此可知他們是走實用主義路線。

■德國

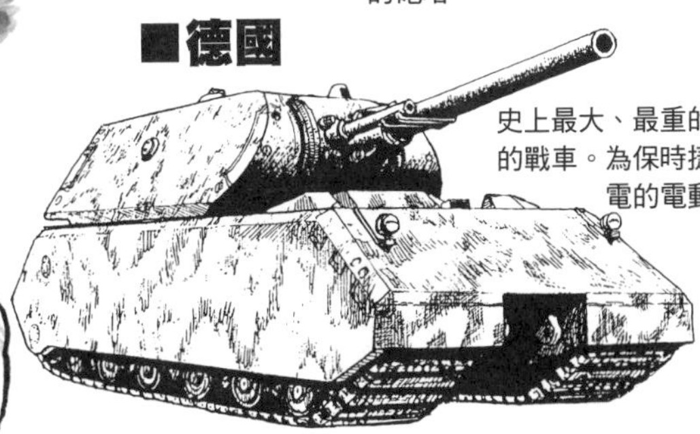

●鼠式戰車（1945）

史上最大、最重的一款曾經實際製造出來的戰車。為保時捷博士所設計，以引擎發電的電動方式驅動。試作兩輛。
重量188噸，乘員5人
最大裝甲240㎜
128㎜砲×1
75㎜砲×1，
7.92㎜機關槍×1
最高速度35㎞／h

●E100（1945）

在鼠式的一年後著手開發
試作一輛（未完成）
重量140噸
最大裝甲240㎜
150㎜砲×1
75㎜砲×1，7.92㎜機關槍×1
最高速度40㎞／h

這些也超猛的!!
還有更多德國的超重戰車

這些光是看了就讓人腿軟的戰車
當然都不曾付諸實現

●K5
德國最著名的列車砲
射程62㎞
●K5 28㎝列車加農砲搬運車
使用虎II戰車
尾栓及砲尾用零件由其他的搬運用虎II戰車運送
●K4加農砲
以油壓千斤頂與車輛分離進入射擊狀態
射程49㎞
●K4 24㎝加農砲搬運車
使用虎I戰車
亨舍爾公司於1942年提出計畫，打算當作最重量級火砲的搬運車。
預定在道路上以時速30至35㎞移動
這部分可以多參考Walter J. Spielberger的著作《虎式戰車》
●三胞胎戰車 NM計畫自走砲
1943年提出的計畫，僅有設計圖。
使用3輛虎式戰車打造的車身上，像是扛神轎般搭載了12.8㎝砲塔
據說除此之外，在「阿道夫・希特勒計畫」中還有各式各樣超重戰車的構想喔。
雖然只停留在計畫階段，
但這是人類構想出來的最大的戰車
德軍嘗試將其搭載於類似
卡爾臼砲車身的車輛上
●1,500噸戰車
搭載戰鬥重量1,350噸的80㎝列車砲
可以一砲摧毀要塞的怪物級戰車
比大和號戰艦的主砲更為巨大的終極自走砲
射程47㎞

原本被定位為步兵支援武器的戰車，逐漸成了以擊破對方戰車為目標的「反戰車武器」，並搭載上長砲身砲。
以下要介紹的是二戰期間德國引以為傲的虎王曾遭遇過的盟軍對手。

長矛對決!!長砲身戰車
第505戰車營的部隊標誌正是「騎馬衝鋒的騎士」
自以為厲害的就儘管來吧!!
擁有長砲身八八砲的虎王等你們來挑戰！

又粗又長的比較強!!
例如，71倍徑的88mm砲，
砲身長度是88mm的71倍
（6248mm），
口徑大的話砲彈就更有威力，
而砲身長的話砲彈速度會更快，
貫穿力也就愈大。
●T-34／57
配備70倍徑57mm砲
少量投入實戰中當作驅逐戰車使用
●雪曼螢火蟲戰車
58.3倍徑76.2mm砲
搭載了英國最優異的戰車砲——17磅砲，
足以和88mm砲一較高下
●T-34／100
56倍徑100mm砲
因平衡性不佳而未獲採用
這門砲曾使用於SU-100
●M6A2E1
67倍徑105mm砲
為對抗德軍重戰車所試作的車種
●T26E4
70倍徑90mm砲
美軍用來對付虎II的戰車。
剛決定量產，戰爭便結束了
●T-32
78倍徑90mm砲
配備原本為了擊落轟炸機所開發，經過改良的
高射砲，為最長砲身的戰車砲

震撼的長矛對決！
有如西洋騎士的決鬥!!

由於用到了長矛這個比喻，因此這裡出場的都是擁有55倍徑以上主砲的戰車（也有試作、計畫戰車）。
另外，T-34／85為54.6倍徑85㎜砲，雪曼的76㎜砲為52倍徑，所以沒有入選。

●E-75
55倍徑128㎜砲
裝備了獵虎式驅逐
戰車的主砲
●E-50
71倍徑88㎜砲
●豹式戰車F型
70倍徑75㎜砲
●IV號戰車
經改裝後搭載
70倍徑75㎜砲
●豹II式戰車
71倍徑 88㎜砲
●虎II戰車
71倍徑88㎜砲
搭載二戰中擁有最高威力的
戰車砲
盟軍曾努力設法裝備上能夠擊敗虎II
的戰車砲
●T-29
67倍徑 105㎜砲
T-26系列的後繼重戰車，
在此之後開發的T-30則是
配備41倍徑的155㎜砲

虎式戰車步入歷史後輪到了JS重戰車喔。
戰後由於反戰車武器的發達（飛彈等），就沒什麼這種配備長矛的戰車了，真無趣。

●JS-3重戰車（蘇聯，1945）

46.3倍徑122㎜砲
為對戰虎Ⅱ所開發，曾在柏林的勝利遊行登場

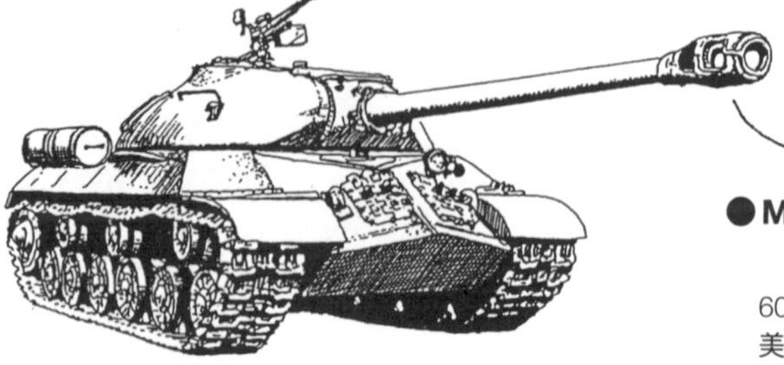

●M103重戰車（美國，1953）

60倍徑120㎜砲
美國最後的重戰車

為了對抗JS-3，英美相關人士開發出了M103與征服者戰車

●T-10重戰車（蘇聯，1957）

55倍徑122㎜砲

●征服者重戰車（英國，1956）

51倍徑120㎜砲

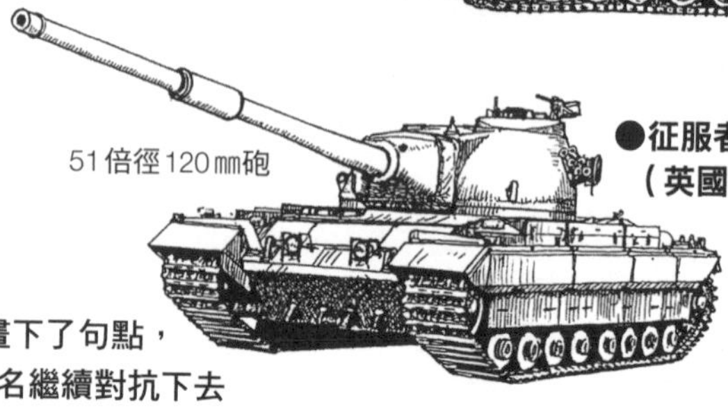

重戰車的歷史在這個時期畫下了句點，
雙方陣營後來則以主力戰車之名繼續對抗下去

●T-62戰車（蘇聯，1957）

55倍徑115㎜砲

●T95E6中戰車（美國，1958）

60倍徑120㎜砲 T123E6砲
為對抗蘇聯的T-54系列所試作的T95系列的重武裝型

●T-72戰車（蘇聯，1971）

62倍徑 125㎜
滑膛砲改良型也可以發射砲射飛彈

●酋長式戰車（英國，1962）

55倍徑 120㎜砲

以重裝甲為優先而犧牲了機動力。
當時全世界戰車的標準配備為105㎜砲，因此120㎜砲可說是最強火力

蘇聯解體後，現有的俄羅斯戰車中
就屬125㎜滑膛砲稱得上長矛了

●豹2A6型（德國，2000）

1978年完成的豹2型之改良型。最大特色是將44倍徑120㎜砲換裝為長砲身的55倍徑 120㎜砲，等於是現代版的長矛！

多砲塔戰車不僅有配備了強力火砲的主砲塔，四周也有機槍塔，簡直就是移動要塞！
這是現代戰車的先驅——英國構想出來的，各國也追隨其後進行開發。

多砲塔戰車

●試製九一式重戰車（1932）
三砲塔式
70㎜砲×1
7.7㎜機槍×3
由於日本國產第一號戰車過重，
軍方開始進行八九式中戰車的開發。
而後軍方以第一號戰車進行重戰車的研究，
開發出試製九一式重戰車，
並進一步打造出九五式重戰車。
與其他國家一樣，這是一款以支援步兵、
突破敵陣為目的的多砲塔戰車。

●試製第一號戰車（1927）
也是日本國產第一號戰車
三砲塔式
57㎜砲×1
7.7㎜機槍×2

●九五式重戰車
三砲塔式
70㎜砲×1
37㎜砲×1
7.7㎜機槍×2

◎日本陸軍的多砲塔戰車

英國是最早開發多砲塔戰車的國家。由於曾實際參戰的ＭａｒｋⅠ坦克因為武器配置方式的關係，射擊範圍有限，對周遭的射擊及防禦出現了問題。

英國陸軍想出來的解決之道，便是配備了主武裝的大砲，以及兩座以上的獨立機槍塔，可迎擊所有方向敵人的重戰車。

日本陸軍決定自製國產戰車的時期，正好也積極投入多砲塔戰車的開發，因此參考了英國經驗的日本國產第一號戰車也是多砲塔式的設計。

■蘇聯
●SMK重戰車（1938）
二砲塔式
76.2㎜砲×1
45㎜砲×1
7.62㎜機槍×2
只製造了一輛，使用於芬蘭戰爭
●T-100重戰車（1938）
二砲塔式
76.2㎜砲×1，45㎜砲×1
7.62㎜機槍×3
參考英國的多砲塔戰車所開發的
裝甲火力支援車輛
與SMK都投入了芬蘭戰爭
這兩款戰車都受到損傷，
沒有出色表現
●T-29中戰車
（1934）
作為T-28的快速型
所開發，
僅製造了2輛
三砲塔式
76.2㎜砲×1
7.62㎜機槍×5
●T-28中戰車（1933）
三砲塔式
76.2㎜砲×1
7.62㎜機槍×5
生產了503輛，於芬蘭戰爭及
蘇德戰爭初期使用
●T-35重戰車（1933）
五砲塔式
76.2㎜砲×1
45㎜砲×2
7.62㎜機槍×5
生產了約60輛。雖然是蘇聯自豪的「陸上戰艦」，
但笨重且裝甲脆弱，於蘇德戰爭初期遭到全滅
■波蘭
●7TP輕戰車（1934）
由維克斯6噸戰車發展而來
二砲塔式
7.92㎜機槍×2
●T-26（1931）
二砲塔式
37㎜砲×1
7.62㎜機槍×1
維克斯6噸戰車的授權生產型

多砲塔戰車！前進！突破！盡情肆虐！

■英國
●A6E2中戰車（1928）
獨立號重戰車的改良型
三砲塔式
3磅砲×1
7.7㎜機槍×5
●獨立號重戰車（1926）
五砲塔式
3磅（47㎜）砲×1
7.7㎜機槍×5
英國軍方所開發，可以往所有方向攻擊的「陸上軍艦」因成本過高等因素，僅生產了一輛便告終
小砲塔的機槍為聯裝機槍。
●巡航戰車Mk.Ⅵ十字軍（1939）
十字軍Ⅰ
二砲塔式
2磅砲×1
7.92㎜×2
●Mk.Ⅲ中戰車（1930）
A6系列的改良型
三砲塔式
3磅砲×1
7.7㎜機槍×3
●巡航戰車Mk.Ⅰ（1936）
三砲塔式
2磅砲×1
7.7㎜機槍×2
●維克斯6噸戰車A型（1928）
二砲塔式
7.7㎜機槍×2
為銷售國外所生產，並有蘇聯的T26、波蘭的7TP系列等授權生產的車種

砲火四射的「三頭六臂戰車」

來吧，從哪裡打過來
我都不怕！

◎多武裝是美軍戰車的主流
●M3中戰車（1940）
75㎜砲×1
37㎜砲×1
7.62㎜機槍×4
●M4中戰車
75㎜砲×1／7.62㎜機槍×4
為初期生產型，
尚未裝備12.7㎜防空機槍。
●M2A2（1937）
二砲塔型
12.7㎜機槍×1
7.62㎜機槍×2
射擊孔
防空機槍在地面
戰時也很有用
●M3（1940）
37㎜砲×1
7.62㎜機槍×5
砲塔及車身側面
等地方設計了9
個射擊孔，以便
機關槍掃射四周
及近戰使用。
●M2中戰車（1939）
37㎜砲×1
7.62㎜機槍×8
（2挺為防空用）

■法國

●**2C超重型坦克（1923）**
二砲塔式
75㎜砲×1
8㎜機槍×4

法國期盼已久的重戰車，但來不及參加一戰，二戰時曾投入戰場。有6輛在空襲中遭破壞

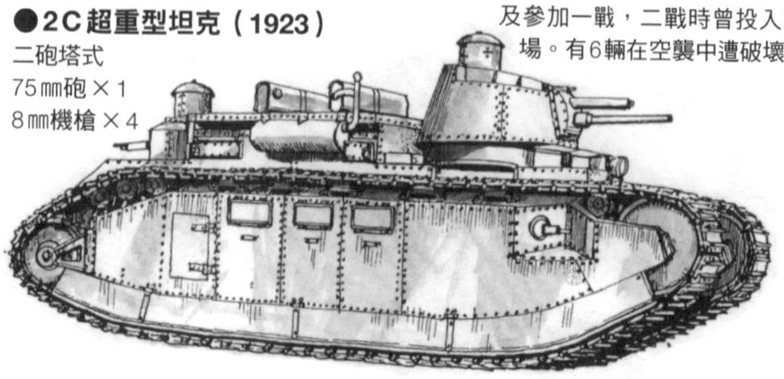

■德國

●**NbFZ（1933）**
三砲塔式
75㎜砲×1
37㎜砲×1
7.92㎜機槍×3

受到獨立號重戰車刺激所開發的。生產了8輛，曾在進攻挪威時使用，但沒有出色表現

中場休息時間【阿信的雜學知識天地】

■戰車命名面面觀

世界各國的戰車名稱一開始都是以獲得採用的年分來命名。但隨著戰車的種類愈來愈多，還是要取一個正式的名字才容易辨識，因此英國率先開始替戰車命名，也幫透過租借法案得到的美國戰車取了名字，從英、美軍到敵對陣營，普遍都有特定名稱。德軍也仿效這樣的做法，使用威猛的動物當作戰車的名稱。

●德國

依照製造出來的順序冠上羅馬數字，像是Ⅰ號、Ⅱ號等，但從Ⅴ號起則改用動物命名。

〔戰車〕
- Panther（豹）
- Tiger（虎）
- Leopard（豹）
- Elefant（象）
- Maus（鼠）
- Luchs（山貓）

〔自走砲〕
- Marder（貂）
- Nashorn（犀牛）
- Brummbär（灰熊）
- Grille（蟋蟀）
- Hornisse（胡蜂）
- Heuschrecke（蝗蟲）
- Hetzer（追獵者）

〔防空戰車〕
- Möbelwagen（家具車）
- Wirbelwind（旋風）
- Ostwind（東風）
- Kugelblitz（球狀閃電）

此外還有
- Puma（美洲獅）裝甲車
- Goliath（巨人哥利亞）遙控炸彈
- Maultier（騾）

每一個名稱好像都大有學問，德軍的品味還真不錯呢。超重戰車叫「老鼠」，遙控炸彈叫「巨人哥利亞」等等，在命名之餘也不忘幽默一番。但好像只有Möbelwagen（家具車）是單純根據外觀命名的，有點可憐……

蘇聯的SU-152曾被稱為「動物獵人」，看來蘇聯似乎也全部掌握了德軍的戰車名稱。

●蘇聯 最早是依開發順序命名，不久後變成使用被納入制式裝備的年分，沒有名字。
例外則是列寧格勒的設計局會用重要人物的名字替武器命名。

「朱可夫」、「窩瓦」等是模型廠商TAMIYA取的名字。
另外像SU-85「農夫」、獵豹式驅逐戰車「隆美爾」、Ⅲ號突擊砲「卍字」等，也都是TAMIYA取的，感覺非常貼切呢。
T-34／76「RODINA」同樣是模型廠商的命名。

SMK（謝爾蓋．米羅諾維奇．基洛夫）列寧格勒州委書記、KV（克利緬特．伏羅希洛夫）國防委員、JS（約瑟夫．史達林）總書記

●日本

雖然舊日軍是以每款戰車被採用為制式裝備的年分來命名，但使用的是日本特有的皇紀（神武天皇即位紀元）。
以八九式中戰車來說，是在昭和4年（1929年），也就是皇紀2589年成為制式裝備的，所以叫作「八九式」。
現在的陸上自衛隊使用的是西元年分，
因此61式戰車便代表是在昭和36年（1961年）納入制式裝備。

◎陸上自衛隊的車輛近來也開始有了暱稱，像是以下這些：
90式戰車（九〇）、74式戰車（七四），其實跟原本沒什麼兩樣嘛。
89式裝甲戰鬥車（Light Tiger）、87式偵察警戒車（Black Eye）、99式自走155㎜榴彈砲（Long Nose）、87式自走高射機關砲（Sky Shooter）、96式自走120㎜迫擊砲（God Hammer）、81式短SAM（Short Arrow）、203㎜自走榴彈砲（Thunder Bolt）等，感覺都還滿貼切的。
可是像91式戰車橋（Tank Bridge）、多管火箭系統（MLRS）、化學防護車（化防車）的話……嗯，感覺就差強人意了。

●義大利 義大利是依採用為制式裝備的年分命名，最前面會依輕、中、重戰車分別加上「L」、「M」、「P」。

●法國 法國的命名通常是以製造商名稱加上年分，但戰後全都以代表戰鬥車輛開發的「AMX」作為名稱開頭。

●美國

在Military Supply（軍需品）的第一個字母「M」後面加上採用為制式裝備的年分。

美國漫畫《The HANUTED TANK》中，是南軍的史都華將軍擔任守護天使。北軍的雪曼雖然曾自告奮勇，但最後仍由史都華回歸。是因為南軍的騎兵比較厲害嗎？

M46、M47、M48這三代戰車的暱稱都是巴頓，M60則被稱作超級巴頓。
美國人應該是喜歡像巴頓這樣的將領吧。

美軍戰車的暱稱都是用南北戰爭以來的名將命名，但這些暱稱是接受美國提供裝備的英國所取的，並不是制式名稱。

南北戰爭
- 史都華（士兵還另外取了「甜心」這個綽號）
- 李　南軍
- 格蘭特　南軍
- 雪曼　北軍
- 謝里登　北軍

WWI
- 霞飛
- 潘興

WWII
- 巴頓
- 布雷德利
- 艾布蘭

- 華克猛犬
（猛犬是韓戰時去世的華克將軍的外號）

克倫威爾這個英國家喻戶曉的名字，原本是要留給最傑出的戰車使用，但到頭來，在英國最具代表性的戰車名為「百夫長」。

●英國

原本是依成為制式裝備的年分順序在「Mk.」後編上數字，後來在1940年前後開始為戰車取名字。

◎巡航戰車：Mk.III之後，
以名字為「C」開頭的歷史人物命名。
- 盟約者（17世紀蘇格蘭的基督教長老會支持者）
- 十字軍（11～13世紀的十字軍）
- 騎士黨（17世紀查理一世時期的國王擁護者）
- 半人馬（希臘神話中半人半馬的種族）
- 克倫威爾（17世紀擁護英國共和制的軍事領袖）
- 挑戰者（馬上長矛比武等報上自己名號的騎士）
- 彗星
- 螢火蟲
- 百夫長（羅馬軍隊的軍官）
- 酋長
- 征服者
- 挑戰者

※第二次世界大戰後，英國採用的MBT名稱統一都是「C」開頭。

◎步兵戰車：同樣使用人名
- 瑪蒂達（來自當時的人氣漫畫《Matilda the duck》）
- 瓦倫丁（因為這款戰車的規格是在情人節提出的）
- 邱吉爾（當時的首相）
- 黑王子（百年戰爭時的黑王子愛德華）
- 勇氣

◎重突擊戰車
- 土龜

◎輕戰車
- 領主（方陣的指揮者）
- 哈里 霍普金斯（美國商務部長，租借法案的執行負責人）

◎自走砲：英國教會的職務名稱
- 主教
- 助祭
- 牧師
- 司事

◎反戰車自走砲：「A」開頭的名稱
- 阿基里斯（弱點在腳後跟的不死之身勇士）
- 射手（弓箭手）
- 復仇者
- 阿萊克托（復仇女神）

戰車雖然是在第一次世界大戰才登場的新武器，但戰後因為各國紛紛裁軍、削減軍備預算，而有了大量裝備廉價的小型戰車的構想，於是競相生產小戰車。

小戰車「Tankette」

●九四式輕裝甲車（1933）
重量3.45噸，乘員2人，速度40㎞／h
7.7㎜機關槍×1

起初是為了最前線的指揮聯絡、彈藥運送而製造的，但實際上卻當作小型戰車廣泛使用，成了日本版的小戰車。當時的敵人中國軍隊還沒有戰車及反戰車武器。

●九七式輕裝甲車（1937）
九四式的發展型

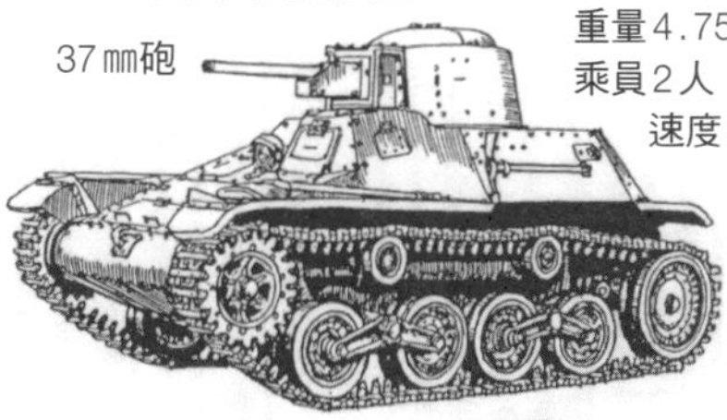

37㎜砲

重量4.75噸
乘員2人
速度40㎞／h
有搭配機槍與搭載砲的車種，是小戰車的最終型

●卡登 洛伊德MkVI型小戰車（1930進口）

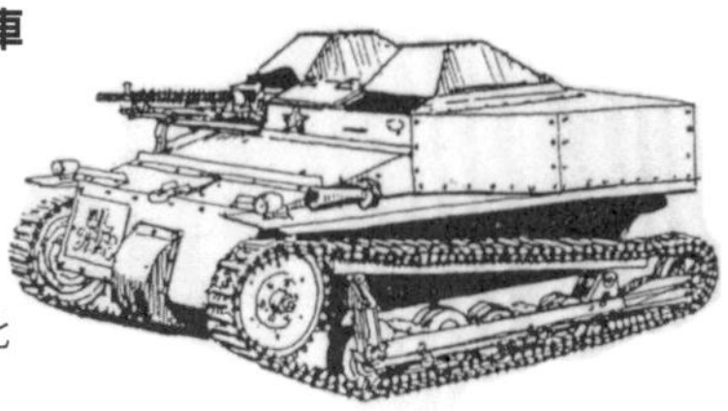

來自英國的調查車輛，乘員頭上有頂蓋。雖然名為小戰車，但被認為威力不足，日軍因此開發九四式輕裝甲車。

日本陸軍依重量將戰車分為以下五類：
一、超輕戰車（小戰車） 5噸以下
二、輕戰車 6噸～9噸
三、中型戰車 10噸～29噸
四、重戰車 30噸～50噸
五、超重戰車 50噸以上
小戰車重量在五噸以下，僅供兩人乘坐，特點是小型而快速，可進行偵察及部隊間的聯絡、協助步兵或騎兵。
九四式雖然被當成日本的小戰車，但正式來說其實是輕裝甲兵車。缺少裝甲兵力的日軍在中國戰場將九四式當作步兵支援戰車使用，表現超乎預期。
帶回去放我家院子好了～
輕巧的小戰車成了方便美軍帶回國的戰利品

■各國的小戰車（流行於戰間期）

■英國

●卡登 洛伊德小戰車（1925）

受到莫里斯 馬特爾小戰車的
刺激而製作的

●莫里斯 馬特爾小戰車（1925）

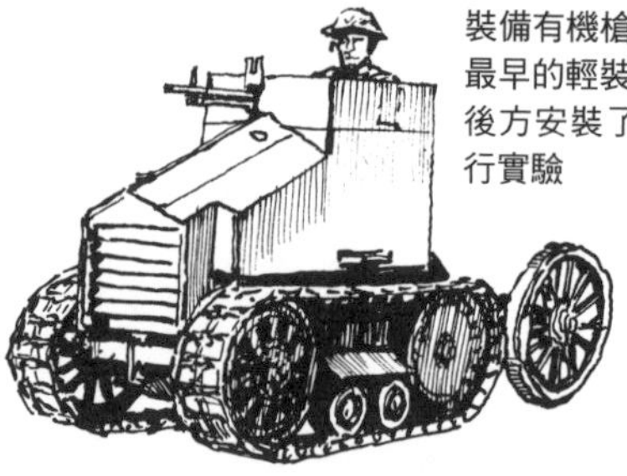

裝備有機槍
最早的輕裝甲履帶車
後方安裝了一個轉向輪進
行實驗
重量2噸多
乘員1名
速度9.65㎞／h
7.7㎜機槍×1

●卡登 洛伊德2人座小戰車（1926）

因了解到小戰
車不適合一人
乘坐而進行開
發

●卡登 洛伊德Mk.I

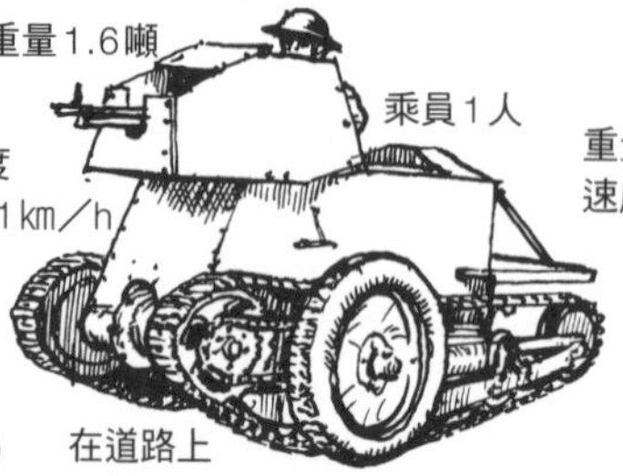

重量1.6噸
乘員1人
速度
24.1㎞／h
在道路上
可放下車輪行駛。49.8㎞／h

●莫里斯 馬特爾2人座小戰車（1926）

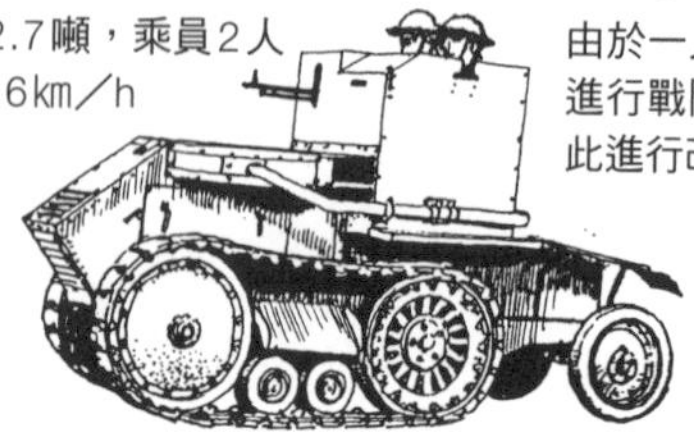

重量2.7噸，乘員2人
速度16㎞／h
由於一人無法
進行戰鬥，因
此進行改良

●卡登 洛伊德Mk.VI（1928）

重量1.5噸，乘員2人，速度45㎞／h

維克斯
7.7㎜機槍

雖然是以搭載
機關槍為主要目的設計的，
但因為出口至各國，最終成了小戰車的原型

●Mk.I巡邏戰車（1932）

重量2噸，乘員2人
速度48.2㎞／h
7.7㎜機槍×1
在Mk.VI上搭載砲塔

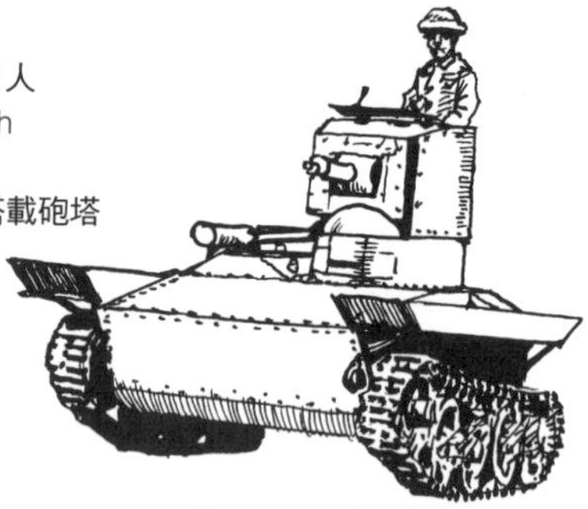

●A4E11輕水陸兩用戰車

重量2.17噸，乘員2人
速度43㎞／h，7.7㎜機槍×1
未獲英國陸軍採用，銷售給
中國、蘇聯等國

●布倫機槍運輸車（1934）

作為Mk.VI之後繼
車種所開發
大量配備於
英國陸軍

重量3.8噸，乘員2～3人
速度48㎞／h，7.7㎜機槍×1

■義大利

●Carro Veloce 29小戰車（1929）

原型為買來的卡登 洛伊德
重量1.7噸，乘員2人，速度40㎞／h
6.5㎜機槍×1

●Carro Veloce 33小戰車（1933）

CV29的改良版
重量3.15噸，乘員2人，速度42㎞／h，8㎜機槍×2
1935年進行細部改良，名稱更改為L3／35

■捷克斯洛伐克

●S-1（MV-4）小戰車（1931）

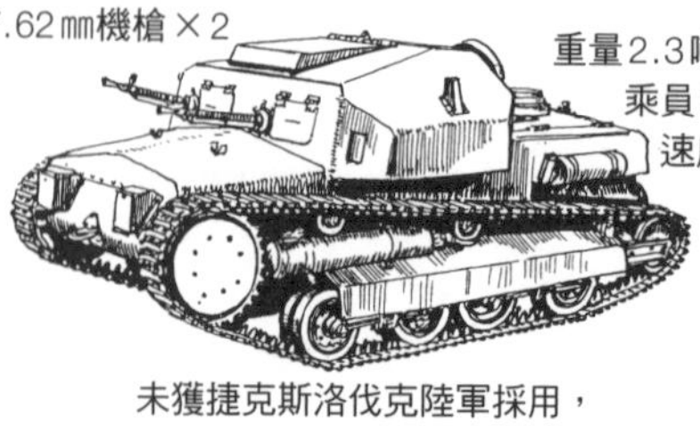

7.62㎜機槍×2
重量2.3噸
乘員2人
速度45㎞／h

未獲捷克斯洛伐克陸軍採用，
獲得南斯拉夫軍採用

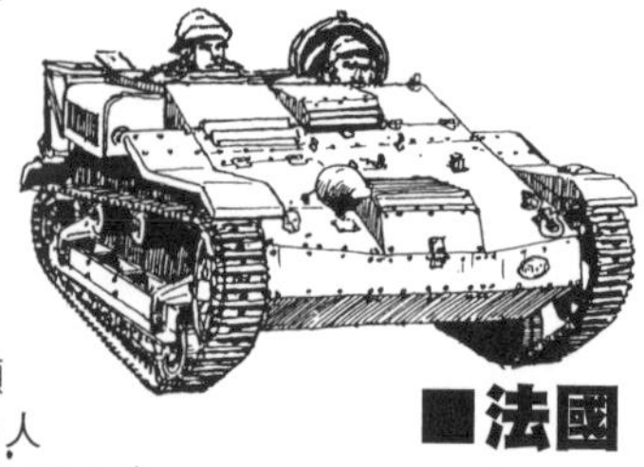

■法國

●雷諾UE運輸車（1929）

雖然是沒有武裝的槍砲運輸車，但由
於是卡登 洛伊德型，因此放上來介紹
重量2.6噸，乘員2人，速度30㎞／h

■蘇聯、俄羅斯

小戰車曾一時蔚為流行，但由於在實戰中不論防禦或火力都有所不足，因此各國不久後便紛紛轉而採用大一號的輕戰車。

●維茲傑德戰鬥車（1915）

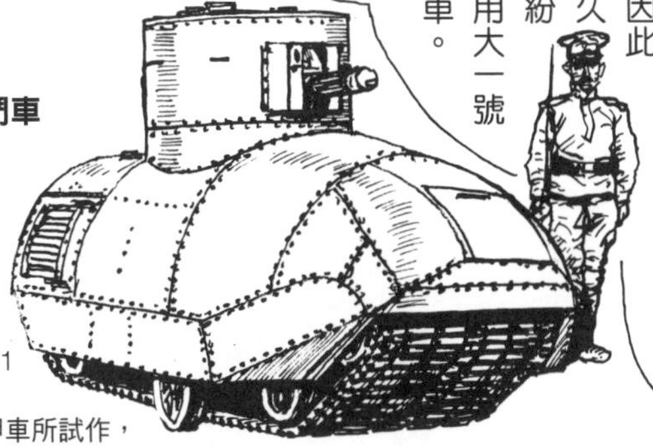

重量4噸
乘員2人
速度25㎞／h
7.62㎜機槍×1

作為步兵支援裝甲車所試作，
以中央的履帶行駛，兩側的車輪負責轉向

●T-17「Liliput」小戰車（1928）

重量2.4噸，乘員1人，速度18㎞／h
7.62㎜機槍×1

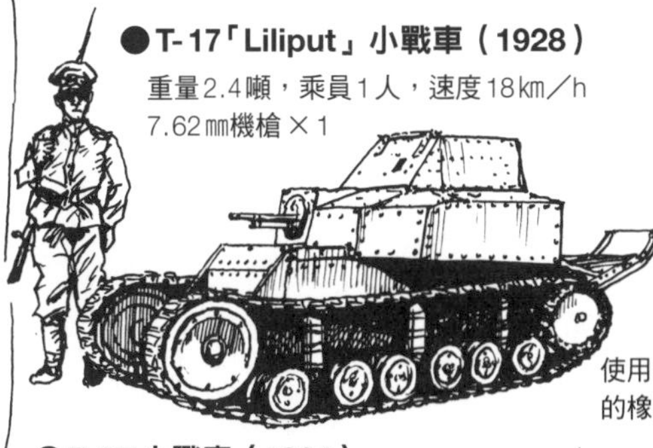

使用有鋼帶
的橡膠履帶

●T-27小戰車（1931）

重量2.7噸，乘員2人
速度42㎞／h
7.62㎜機槍×1

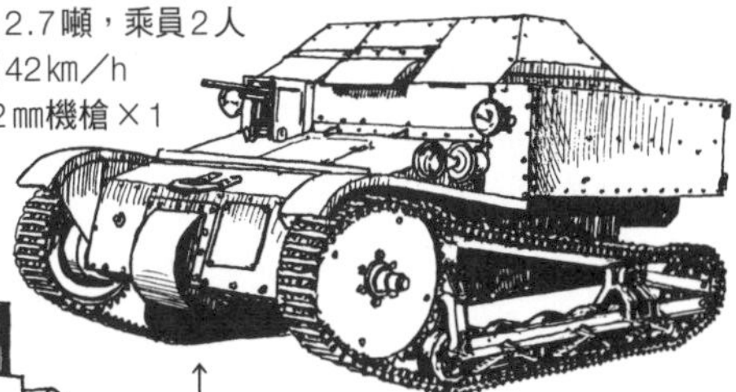

↑
←國產化的卡登 洛伊德

以前的少年雜誌曾介紹蘇聯過去嘗試打造的一人座一噸戰車是「全世界最小的戰車」，從現在的資料來看，似乎就是維茲傑德

嗯，這也是常見的錯誤

●T-33小型浮航戰車（1932）

重量3噸，乘員2人
速度45㎞／h，7.62㎜機槍×1

●T-27自走砲（1931）

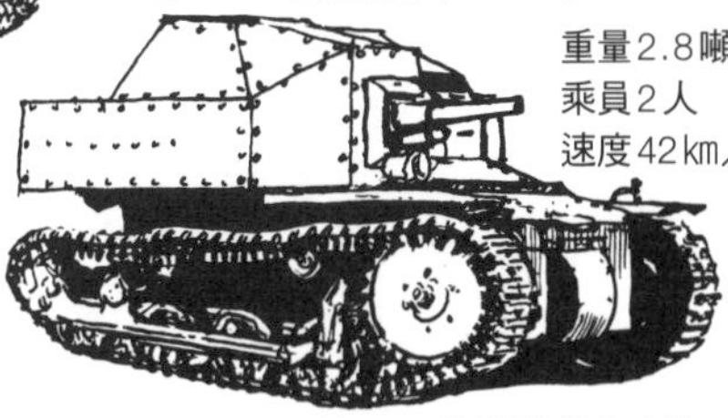

重量2.8噸
乘員2人
速度42㎞／h

以T-27為基礎的自走砲，
裝備37㎜砲

●PPG小戰車（1940）

重量1.7噸，乘員2人
速度18㎞／h
7.62㎜機槍×2
車高86㎝

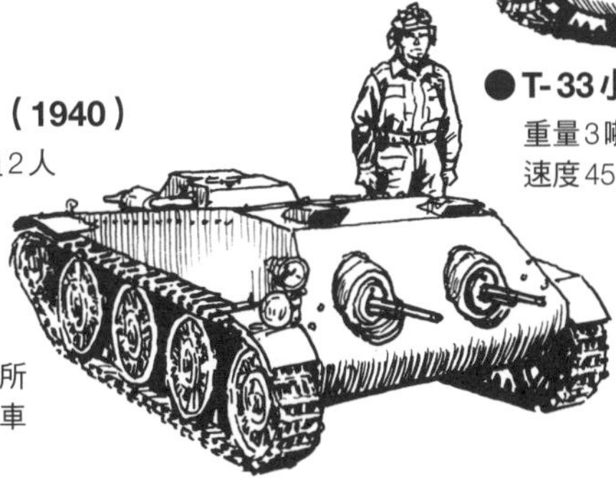

根據芬蘭戰爭的教訓所
試作的陣地攻擊用戰車

■波蘭

●TK.3小戰車（1931）

1929年製造的
卡登 洛伊德型TK.1的
改良型

7.92㎜
機槍×1

重量2.4噸，乘員2人
速度46㎞／h

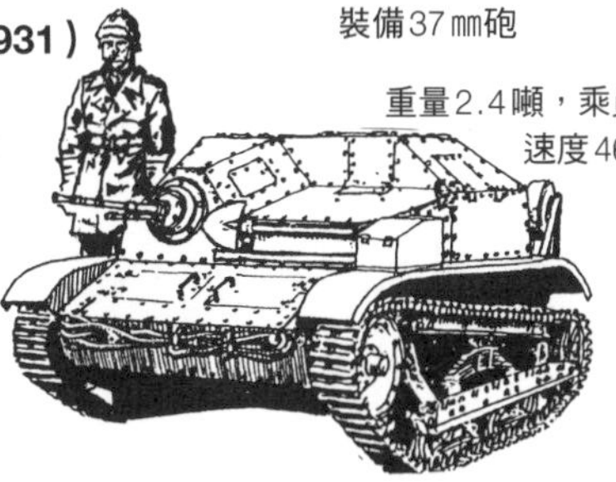

■美國

●福特3噸戰車（1918）

重量3.1噸，乘員2人
速度12.8㎞／h，7.62㎜機槍×1
為第一次世界大戰生產的，
但未能趕上參戰，僅完成15輛

●T1履帶開發底盤（1928）

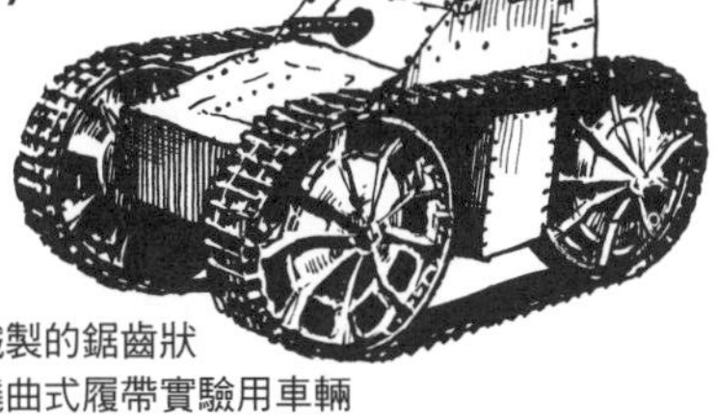

重量1.5噸
乘員1人
速度31.3㎞／h
7.62㎜機槍×1

鋼鐵製的鋸齒狀
可撓曲式履帶實驗用車輛

●T3輕戰車（1936）

重量6.4噸，乘員2人，速度56.3㎞／h
7.62㎜機槍

T3雖然不能說是小戰車，但外型類似，因此放進來介紹。以數據來說搞不好是最強的喔！

參考資料《ソビエト・ロシア戰車車両大系（上）》
ガリレオ出版
《世界の戦車1915～1945》大日本絵画

射擊、操縱都可以一個人搞定 無敵龜殼戰車!!

這裡要介紹的是1960年代的少年雜誌刊載過的祕密戰車。步兵用步行戰鬥的方式已經過時了!! 美國發明的單人坦克只需要一顆按鈕，就可以往四面八方發射車上的650發子彈，車身為鋼鐵製，能擋住敵方砲火。

全長約3m
全高約80cm
7.7mm機槍×2
反戰車火箭彈8發

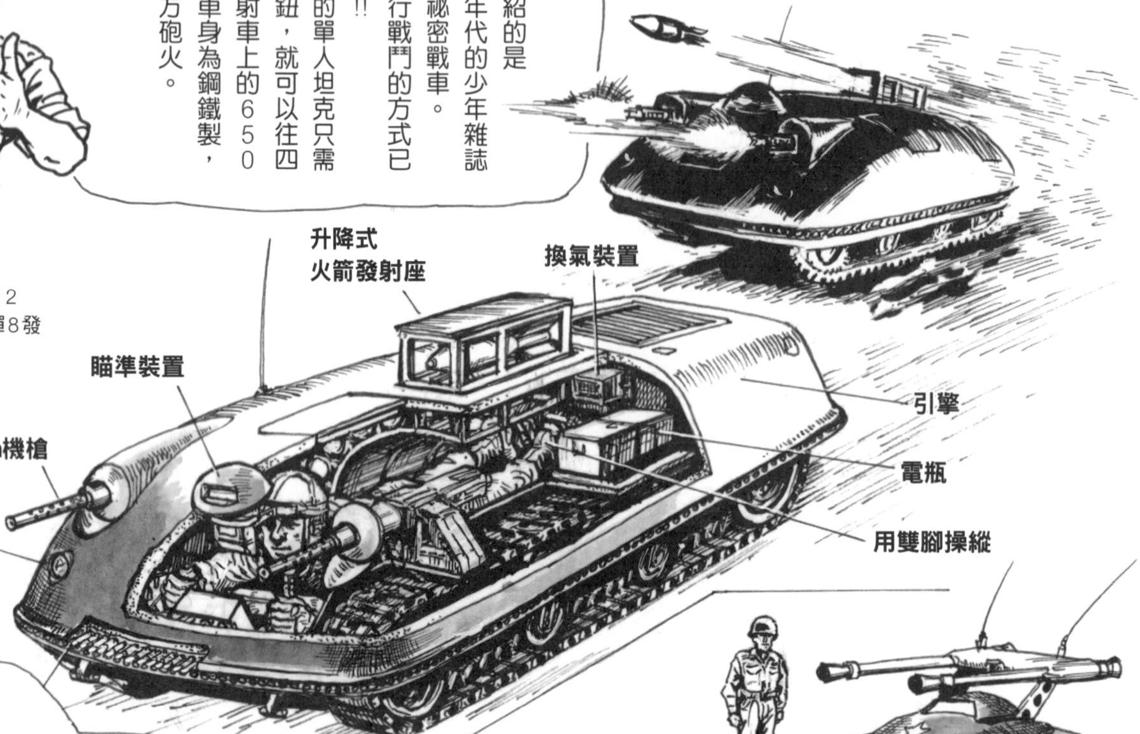
升降式火箭發射座
換氣裝置
瞄準裝置
引擎
7.7mm機槍
電瓶
頭燈
用雙腳操縱

士兵呈趴姿，用手與腳進行射擊、操縱。車身四周有多達650個存放機槍彈的孔洞，可以在遭到敵軍包圍時射擊

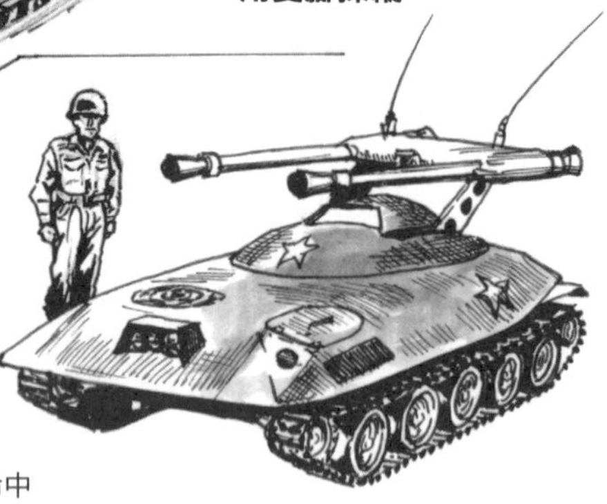

◎陸戰新王牌
一人座最新型戰車

以飛機載運
長4m，高度僅150cm
不易被敵方發現，也不易遭砲火命中
以趴姿駕駛，武器為2挺40mm機槍與7.62mm機槍
是一款未來概念的輕戰車。(1966年的少年雜誌)

日本過去也有單人坦克？

◎銃鐙

輕機槍用

當作掩護龜殼士兵的移動槍座進行測試

根據九一八事變得到的經驗，為保護向敵方陣地進逼的工兵所構想出來的日軍原創武器

拆下車輪放低姿勢

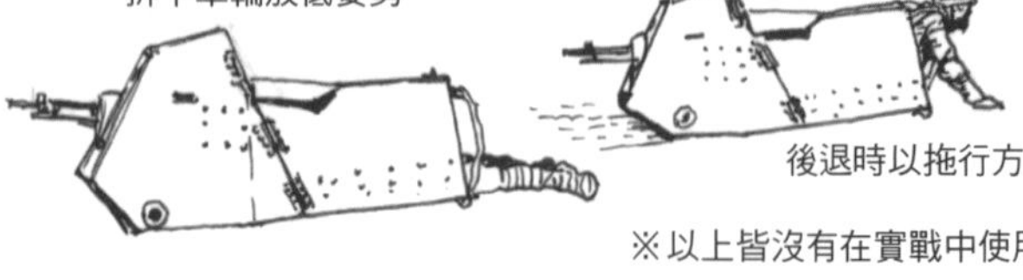

後退時以拖行方式往回走

※以上皆沒有在實戰中使用過的紀錄

◎士兵用

這只能說是龜殼人而不是龜仙人

從正面角度看

移動姿勢真的就像是龜殼

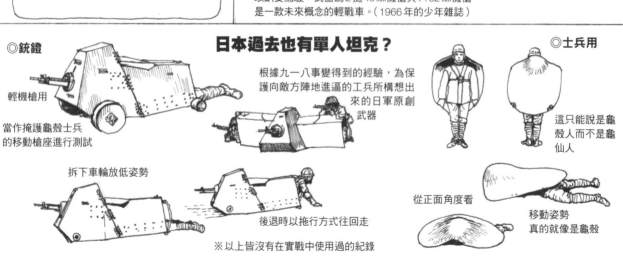

戰車不僅以突破壕溝戰僵局的利器之姿在第一次世界大戰登場，同時也是絕佳的步兵支援武器。第二次世界大戰時，各國也同樣開發出許多保護步兵部隊用的戰車。

步兵支援戰車

速度雖然不快，但有重裝甲可抵擋砲火
支援步兵部隊朝敵方陣地發動突擊!!
「戰場女王」瑪蒂達步兵戰車能否擊潰德軍!?

●步兵與戰車

戰車是第一次世界大戰時為了突破壕溝戰的僵局開發出來的武器，能在敵方陣線上打開缺口，扮演了掩護戰場上的主角——步兵進行突擊的支援角色。

到了第二次世界大戰，德軍組織了以戰車為主的裝甲部隊發動閃電戰，在突破敵方前線後運用戰車的推進能力迅速擴大戰果，戰車搖身一變成為戰場的主角。

不過，支配戰場的仍舊是以步兵為主，而步兵部隊則需要有戰車保護。

我先前看了松竹映畫（1940年）的電影《西住戰車長傳》，對八九式戰車的英姿大為感動，而且還欣賞到了步兵支援戰車的最高境界。

■英國

英國軍方在第一次世界大戰後的戰車開發，可分為偵察用輕戰車、機動戰用的巡航戰車與支援步兵的步兵戰車等三類。巡航戰車與步兵戰車是英國獨有的稱呼。

（40㎜砲）

●步兵戰車「邱吉爾」

終極版步兵戰車
防禦力極為優秀

●步兵戰車「瑪蒂達」Ⅱ

（40㎜砲）

（機關槍）

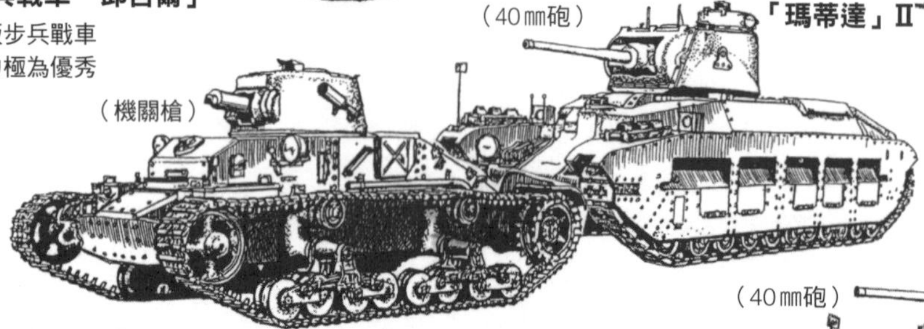

●步兵戰車Mk1「瑪蒂達」Ⅰ

厚重的裝甲令德軍傷透腦筋
德軍當時的反戰車砲無法擊破
最後是用88㎜高射砲水平射擊加以破壞
最高速度12.4㎞／h　MKⅡ為24㎞／h

步兵戰車的目的是直接支援步兵，因此將重點放在防禦力，速度方面只要求達到步兵的行動速度。換句話說，就是重裝甲、速度慢

（40㎜砲）

英軍的步兵戰車雖然防禦力出色，
但主砲威力不佳，被敵軍利用速度緩慢這一點
從遠距離以重型反戰車砲擊破

●步兵戰車MkⅢ「瓦倫丁」

透過租借法案提供給蘇聯
因堅固且穩定性佳而受到好評

75㎜榴彈砲

■美國

由於美軍大量生產了M4雪曼戰車，因此沒有特別開發步兵支援戰車

●M4「雪曼」

搭載105㎜砲的車種
屬於火力支援型
算不上步兵支援戰車

●M8自走榴彈砲

開發用於支援裝甲步兵

（75㎜砲）

●M4A3E2「小飛象」突擊戰車

美軍最具代表性的步兵支援戰車。
增加了雪曼戰車的裝甲厚度打造而成

一部分M4可透過車外電話與步兵協同作戰

■德國

德軍的突擊砲及自走砲隸屬於砲兵，因此兵科代表色為紅色（裝甲部隊為粉紅色），兩者的服裝及德軍灰領章也都不同。

●重步兵砲「追獵者」

●重步兵砲「蟋蟀」K型

●重步兵砲「蟋蟀」H型

●Ⅳ號突擊砲「灰熊」

●Ⅲ號突擊兵砲

●Ⅱ號重步兵砲「野牛」

●Ⅰ號重步兵砲

自走重步兵砲部隊有別突擊砲，是在靠近前線處提供步兵火力支援，配備了德軍最大的直接支援火砲——15㎝的sIG33重步兵砲

●Ⅲ號突擊榴彈砲（配備105㎜榴彈砲）

●Ⅲ號突擊砲（75㎜榴彈砲）

由於德軍很早就編制了戰車部隊，因此思考以裝甲車輛支援步兵部隊，打造出了突擊砲這種步兵支援戰車

突擊砲是在最前線與步兵部隊一同奮戰，因此被視為步兵的守護神

■蘇聯

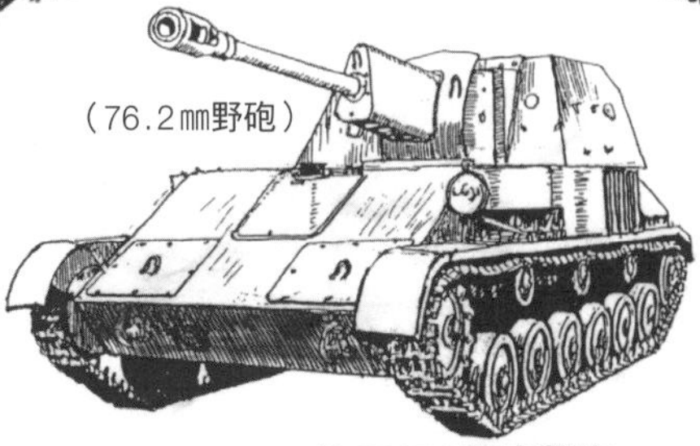

●SU76輕突擊砲（76.2㎜野砲）

●SU152重突擊砲（152㎜榴彈砲）

●SU122中突擊砲（122㎜榴彈砲）

蘇聯軍也模仿德軍生產突擊砲。SU76是用於步兵支援，中、重突擊砲則當作反戰車自走砲使用

●戰車支援步兵

蘇聯軍的「坦克運兵」戰術會讓步兵乘坐在戰車上，以保護突擊敵方的戰車

以色列與俄羅斯根據戰爭中學到的經驗，積極投入於這個領域。

現在的步兵也已經機械化，配備了裝甲戰鬥車輛，並沒有所謂的步兵支援戰車這種車輛。

不過，由於敵方步兵的反戰車武器不斷發展，即使是主力戰車也會遭受損害，因此與戰車一同在最前線行動的裝步戰車也必須具備強大防禦力。

目前各國都有將舊型的戰車改造為裝甲運兵車使用。

■以色列

●阿奇扎里特裝甲運兵車（T54／T55）

用六日戰爭中擄獲的戰車改造而成

後方有通往乘員艙的通道

乘員3人，可搭載7名步兵

※車名後方（　）中的是作為改裝基礎的戰車

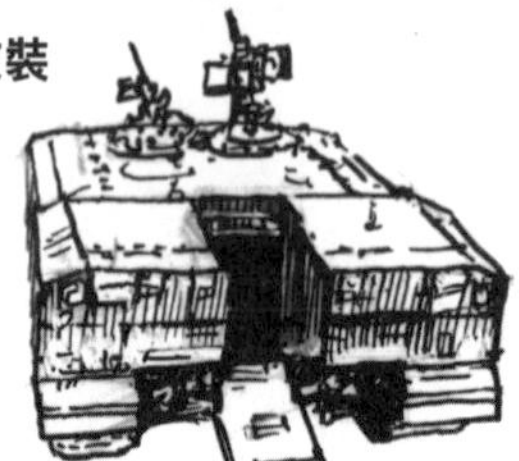

車身前方、頂端、底部增加了裝甲

乘員包括駕駛、車長、槍手、8名步兵，共11人。車內設有馬桶，以便人員長時間留在車上

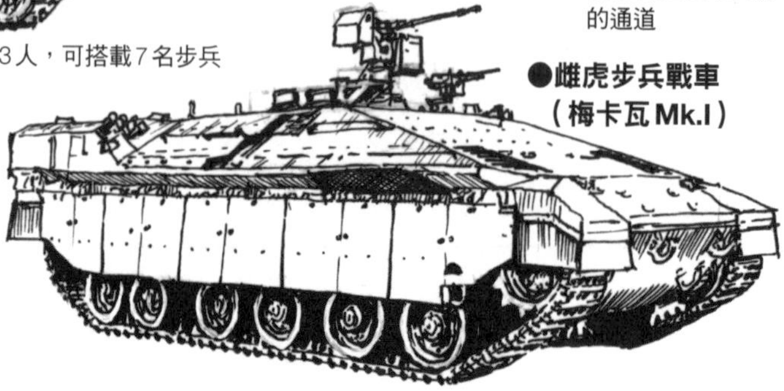

●雌虎步兵戰車（梅卡瓦Mk.I）

■俄羅斯

●BMPT
BMPT坦克支援戰車（T72）

30㎜機砲×2
反戰車飛彈×4

具備防空、反戰車能力的全能護衛車
乘員5人

●BTR-T裝甲運兵車（T55）

乘員2人，步兵5名

小型砲塔可裝備不同武裝
圖中裝備的是30㎜機砲與9M113反戰車飛彈

由於反戰車武器在車臣戰爭中對BMP等裝甲運兵車造成了嚴重損害，俄羅斯軍方學習此一教訓，進行高防禦力戰車的改造開發

20㎜機砲

■約旦

●AB-14 Temsah（百夫長）

乘員2人，步兵10名

■烏克蘭

30㎜機砲

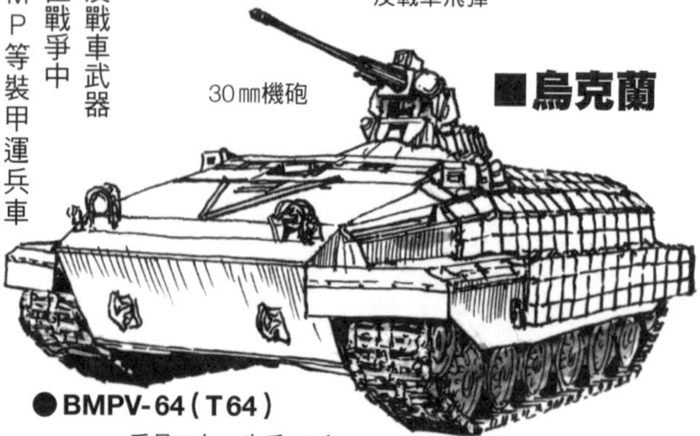

●BMPV-64（T64）

乘員3人，步兵12名

指揮戰車

透過無線電進行戰車集團運用的想法雖然很早就有了，但在1930年代，除了德軍之外，絕大多數國家都只有指揮戰車（隊長車）配備了無線電。

●Sd.Kfz. 250／3「Greif」

隆美爾在北非戰場使用的愛車

這是在半履帶250系列上加裝無線電
打造成的指揮車型
其他裝甲部隊的軍官也有使用

■帶頭衝鋒的指揮戰車

很久以前，我曾在《週刊少年Sunday》上看過高荷義之老師筆下的隆美爾，他完美呈現出了指揮戰車活躍於戰場的情景。

因此我想在這個單元介紹指揮戰車。

指揮戰車的天線比其他戰車多，馬上就能辦識出來，在戰場上理所當然會成為目標。

到後來，在第一線活動的指揮戰車便改用與主力的中戰車同型的車輛，並裝備了起初為裝載無線電而拆掉的戰車砲。

第二次世界大戰的德軍大量使用了這種戰車，將無線電列為標準裝備的戰車部隊能與司令部進行密切聯繫，對敵方部隊的行動做出因應。

德軍便是憑藉這種方式徹底擊潰敵人。

■到了1930年代，無線電雖然具備能夠搭載於戰車的性能，但除了德軍以外，絕大多數國家都只配備在指揮戰車（隊長車）上。

■由於考量到戰車的集團運用，因此很早就有了裝載無線電的指揮戰車。但因為無線電性能不佳，所以只配備在指揮戰車上。這樣只能接收來自上級司令部的命令，無法指揮戰車部隊。

●T-26A-4V指揮戰車（1931）
手動式天線
●T-37RT指揮戰車（1934）
●T-26B-1（V）指揮戰車（1933）
改為框型天線
●指揮通信車（1935）
●BT-5RT指揮戰車（1934）
搭載了無線電，框型天線十分顯眼
最初是使用信鴿與外部進行通信聯絡
●Mk.I無線電戰車（英國1917）
於康布雷戰役使用
■法國
●雷諾TSF戰車（1918）
設有箱型戰鬥室的指揮戰車
■英國
●格蘭特指揮戰車
可能拆掉了37㎜砲，裝上假砲管
●雪曼指揮戰車
加裝通信裝置
假砲管
●Mk.Ⅱ中戰車「Box Car」（1928）
最早的正統指揮車
■日本
●指揮戰車Shi-Ki（1938）
為指揮戰車部隊所開發
基礎為九七式中戰車
車身配備37㎜戰車砲
■義大利
●CV35指揮、通信（1935）
也有直接保留武裝的車輛
●白羊指揮觀測車（1943）
加拿大陸軍用
挪用戰車型的車身
戰車部隊指揮用
假砲管
車身無機槍
●M15／42指揮車型（1942）
●九五式輕戰車（1934）
●克倫威爾指揮觀測車
使用一般的車身，僅砲管為假砲管
●M13／40指揮戰車（1941）
自走砲部隊用指揮車輛
裝了天線的指揮車型
這一型似乎不是制式裝備，數量稀少

領先各國在實戰中運用指揮戰車！德軍在以速度為重的機動戰中大獲全勝

●小型指揮戰車（1935）
僅試驗性
生產6輛
●Ⅰ號小型指揮戰車（1935）
量產型的戰車部隊指揮戰車
Ⅰ號戰車在第一線明顯能力不足，
因此後來就只使用Ⅲ號戰車
加裝了框型天線的後期型
有負責聯絡的機車兵
在一旁待命
●38（t）E／F型
指揮戰車
主砲雖然是假砲管，但也
有直接裝上戰車砲的車輛
配備框型天線，
主砲為假砲管
●J型（1942）
有50㎜主砲
●K型（1942）
50㎜長砲身
●指揮戰車D型
（1938）
作為大型裝甲
指揮車使用，以
Ⅲ號戰車D型為基礎。基礎為E型的
車種叫作指揮戰車E型
砲塔上裝設了
觀測用潛望鏡
因前線
對武裝的需求，
自J型起恢復配備主砲，
K型起採用星形天線
●豹式
大型指揮戰車（1943）
為豹式戰車部隊的指揮官用
與豹式戰車一同使用於戰場
●Ⅳ號指揮戰車J型（1944）
●虎Ⅱ指揮戰車
（1944）
虎式戰車部隊指揮官用
●虎Ⅰ（1944）
虎式王牌
米歇爾 魏特曼
親衛隊少尉獲頒
騎士鐵十字勳
章時使用的
指揮戰車，
車身上有
88個擊殺標誌
S04
■著名的指揮戰車
●M1A1（1941）
美國本土
第2裝甲師師長
喬治 巴頓少將的專用指揮車

※以Ⅲ號戰車為基礎的指揮戰車正式名稱為Panzerbefehlswagen，直接翻譯過來的話就是「指揮戰車」，但一般為人熟知的名稱是「Ⅲ號指揮戰車」。

※（　）內無標示國名者為美國所開發。
蘇聯為現在的俄羅斯

在無線電技術發達的現在，甚至已經可以透過數據傳輸看到圖像，指揮戰車不用再上到第一線。裝甲車則成為了指揮車的主流。

●M577 Command Post（1960）

M113系列的衍生型
搭載了各種無線電／指揮裝置
是運兵型外最常被使用的類型
製造商自行開發的M113C&R
在美國未獲採用

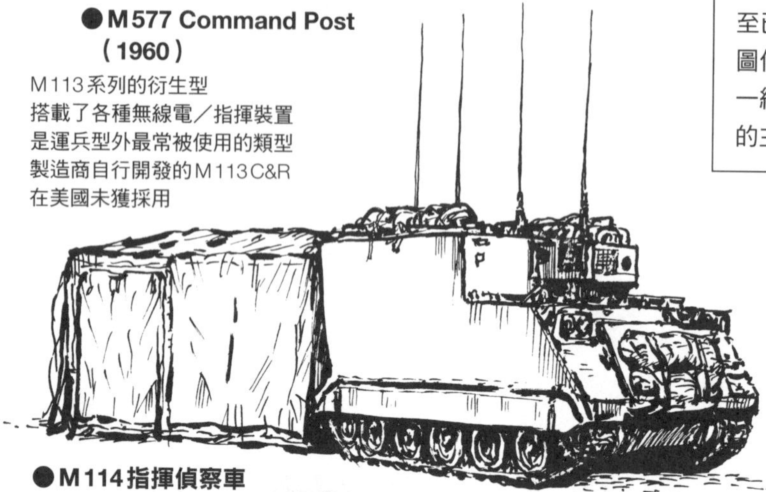

●BMP-1Ksh裝甲指揮車（蘇聯，1972）

供機械化步兵部隊本部使用
搭載折疊式天線桿
具備通信中心的功能

●M114指揮偵察車（1963）

M113的小型版

●M113C&R 山貓指揮偵察車（1963）

加拿大與荷蘭採用

●BTR-50N指揮車（蘇聯，1958）

中東戰爭時
為阿拉伯陣營使用

●FV432指揮車（英國，1962）

●YW702指揮車（中國，1970）

加大了YW531裝甲車的載員艙，也會當作指揮官車使用

●ObieKt940指揮車（蘇聯，1976）

未成為
制式裝備

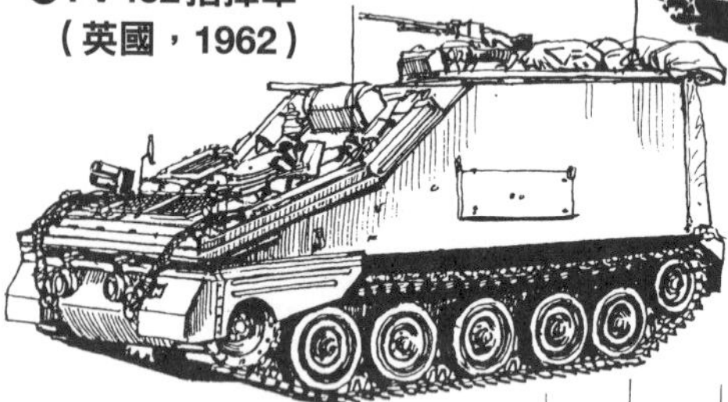

●蘇爾坦FV105（英國，1977）

斯巴達人裝甲車改裝而成
車身後方有作戰艙

●MT-LB多用途裝甲車（蘇聯，1964）

寬闊的貨艙很好運用，也可以改裝為指揮車

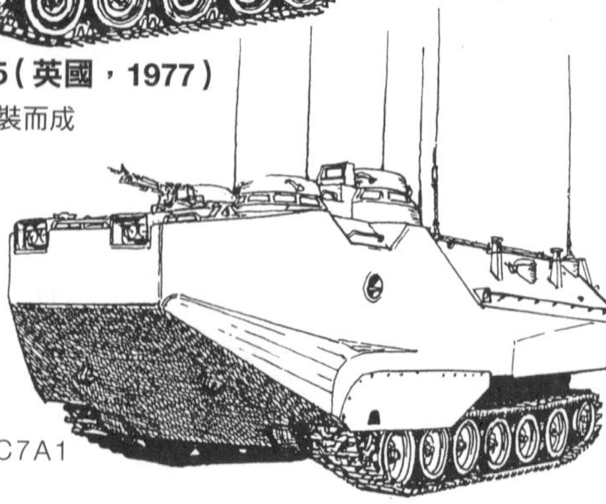

●LVTC7 通信指揮車（1970）

美國海軍陸戰隊
將名稱改為AAVC7A1

●1V12 砲兵指揮觀測車（蘇聯，1970）

以MT-LB
為基礎所開發

在第一次世界大戰登場的戰車（坦克）被視為突破壕溝戰僵局的王牌，能夠支援步兵、攻擊敵方頑強抵抗的陣地。因此，讓戰車裝上火焰噴射器以利攻擊敵方碉堡等，可說是必然的發展。

噴火戰車
蘇聯以最初開發的T-26為基礎，改裝成噴火戰車OT-26，
並於諾門罕戰役投入實戰，後來入侵芬蘭時也有使用，
但存在噴射距離過短的問題。

■蘇聯
●OT-26
以T-26為基礎
●OT-130
射程45～50m
●T-134
吸取戰爭的教訓，
配備了主砲
車身裝有
火焰噴射器
●OT-34／85
射程60～120m
●TO-55
在第二次世界大戰後也仍然進行了開發
射程200m
●OT-34／76
射程60～120m
主砲可以照常使用
以T-34及KV為基礎者是
自1942年開始開發的
●KV-8
●KV-8S
火焰噴射器裝在主砲防盾右側
75㎜的主砲換裝成了45㎜砲

有「Zippo」之稱的M67A2彷彿要將越共連同叢林燒個精光
●M67A2
M48A2改裝而成
射程180～200m
●M3噴火戰車
未獲採用
射程32m
●M132
噴火戰車
M113裝甲運兵車改裝而成
射程150m
●POA-CWS-H5噴火戰車
能照常使用105㎜砲的噴火型
雖然來不及參加太平洋戰爭，但有用於韓戰
射程55m

●Sdkfz251／16

德國的自走噴火裝甲車
配發於工兵部隊
射程45m
使用1具時為60m

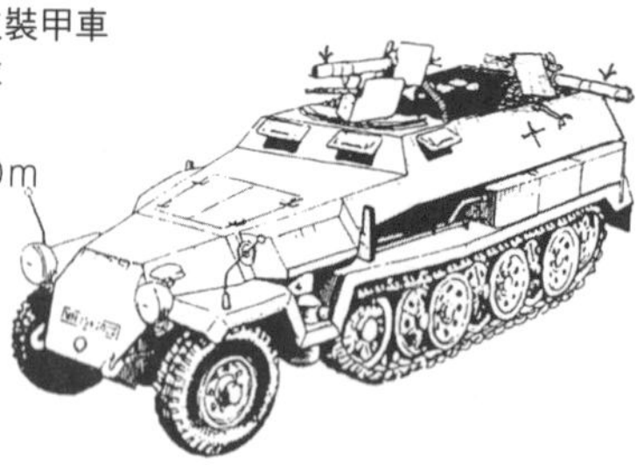

■日本

●裝甲作業器

日軍為方便工兵使用於
各種用途而開發
其中一項配備便是
攻擊碉堡用的火焰噴射器
射程30m

■義大利

●CV33(L3)噴火戰車

義大利軍進攻衣索比亞時使用的噴火型小戰車，射程80m。德國也注意到了該戰車當時的出色表現，因而開始開發噴火戰車。

※M4雪曼型完成之後，美軍就不再使用輕戰車改裝的噴火戰車了。進逼的雪曼戰車就有如巨象般，比起燒死，缺乏有效反戰車武器的日軍更多是死於燃燒造成的缺氧。

■美國
在南太平洋諸島展開的戰鬥中，美軍認為噴火戰車是對付堅決不肯投降、死命抵抗的日軍的有效利器。
●LVT噴火型
搭載於LVT-4
在貝里琉島等地使用
射程70m
●撒旦噴火戰車
由M3A1輕戰車所改造
於塞班島首度在實戰亮相
射程55～73m
●M5A1
噴火戰車
射程90m
僅試作
●M4雪曼
噴火戰車
美軍的王牌登場
接替M3A1型上陣，
令人畏懼的大魔王
●M3A1噴火戰車
射程55～73m
從關島戰役起參與進攻
●POA-CWS-H1噴火戰車
為避免被看出來是噴火戰車，於75㎜砲的砲管內裝設了火焰噴嘴
砲塔左右合計可旋轉260度。於硫磺島起參與實戰
射程55～73m

■德國

為攻擊法國的馬其諾防線所開發，之後則是用在頑強不屈的蘇聯軍身上。

●I號戰車

拆下右側機槍，裝上步兵用火焰噴射器的就地改裝戰車

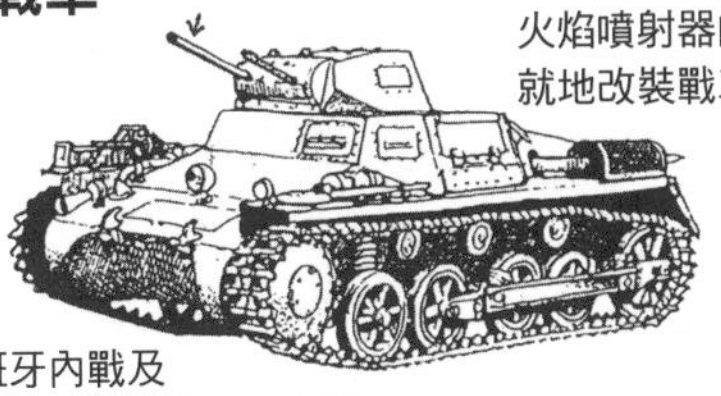

於西班牙內戰及托布魯克圍城戰使用。射程25m

●II號噴火戰車

由II號D型改裝而成，為第一款正式的噴火戰車

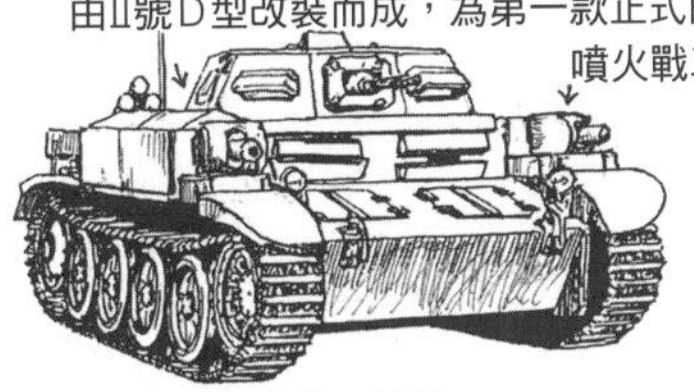

搭載2具火焰噴嘴，射程40m

●III號噴火戰車

根據史達林格勒戰役的教訓所開發

III號M型改裝而成
射程60m

●噴火突擊砲

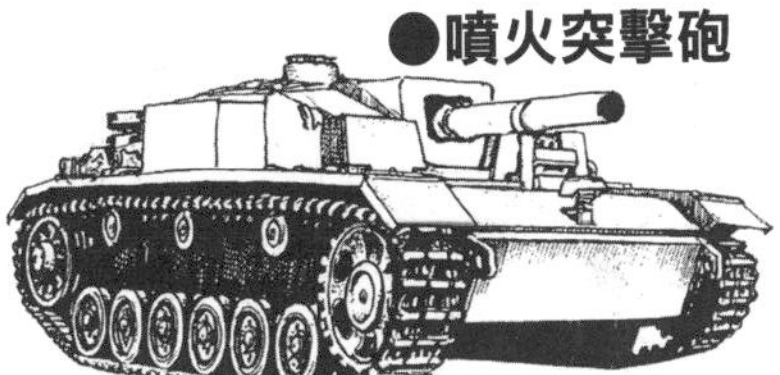

III號突擊砲F／8型改裝而成
與III號戰車搭載相同的火焰噴射器
未使用於實戰

●追獵者噴火戰車

射程45m
於亞爾丁戰役中使用

●B2戰車（f）噴火戰車

法國的B1 bis戰車改裝而成

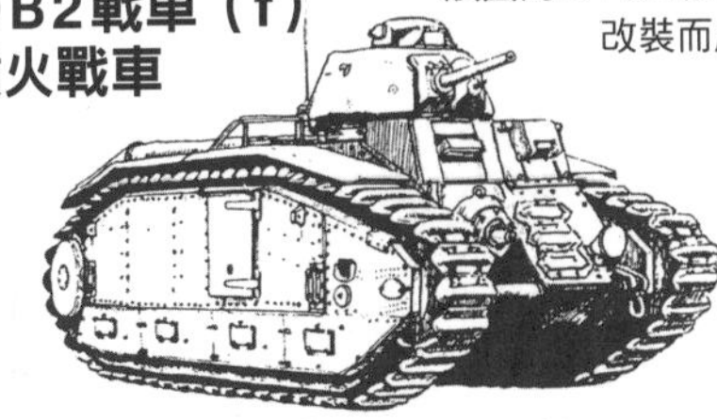

拆下了車身的75㎜砲，裝上火焰噴射器。
裝甲厚，很適合作為噴火戰車
射程40～45m

■英國
不要被大西洋阻擋了！
●瓦倫丁噴火戰車
與黃蜂同時進行開發的
首款戰車型噴火戰車
僅試作
●雪曼蝰蛇
英國開發的雪曼型
噴火戰車
僅有試作車
●瑪蒂達蛙式
澳洲軍方改裝瑪蒂達Mk.Ⅱ而成
於太平洋戰場使用
射程82m
●白羊獾式
加拿大軍方改裝該國的白羊袋鼠運兵車而成
●邱吉爾Oke
邱吉爾Mk.Ⅱ改裝而成
支援第厄普登陸作戰而開發，
並實際參戰
射程73～110m
●黃蜂Ⅱ
射程74～83m
●黃蜂Ⅰ
射程74～83m
◎黃蜂噴火運輸車
真正投入實戰的是將火焰噴射器小型化的
黃蜂Ⅱ，其中一部分提供給了蘇聯
這一型超猛的！
●邱吉爾鱷魚
英國噴火戰車的王牌
承襲了瓦倫丁噴火戰車的形式
從諾曼地登陸起參與實戰
是一款許多部隊都有使用，相當的實用噴火戰車
附加了燃料拖車，因此噴射時間長，並可分離拖車，
以一般戰車的型態支援步兵
射程73～110m

戰車可說是陸戰武器中的王者，而且有些還加裝了能在水上或水中行駛的裝備。這就是一般所稱的水陸兩棲戰車，敵前登陸或渡河作戰正是大顯身手的好機會。

水陸兩棲戰車

最強潛水戰車
虎I
配備呼吸管
可潛入4公尺深的水底行駛！
最適合出其不意偷襲敵人!!
（未投入實戰）

■水中也能開的著名戰車！

潛水戰車（1940）是德軍為了英國本土登陸作戰所開發的戰車藉由水密蓋防水，並於水面露出吸氣裝置（呼吸管），在水底推進

據說虎式戰車
起初也曾被要求
必須有4．5公尺
的潛水能力，
初期生產型附有
潛水裝置，但後來
為了提升生產效率
便不再配備了。

以加裝潛水渡河用的10m呼吸管之方式進行改裝

●IV號潛水戰車

英國作戰中止後，曾於俄羅斯的西布格河與聶伯河作戰使用

長18m的呼吸管

在水深15m處行駛的潛水戰車（登陸作戰用）

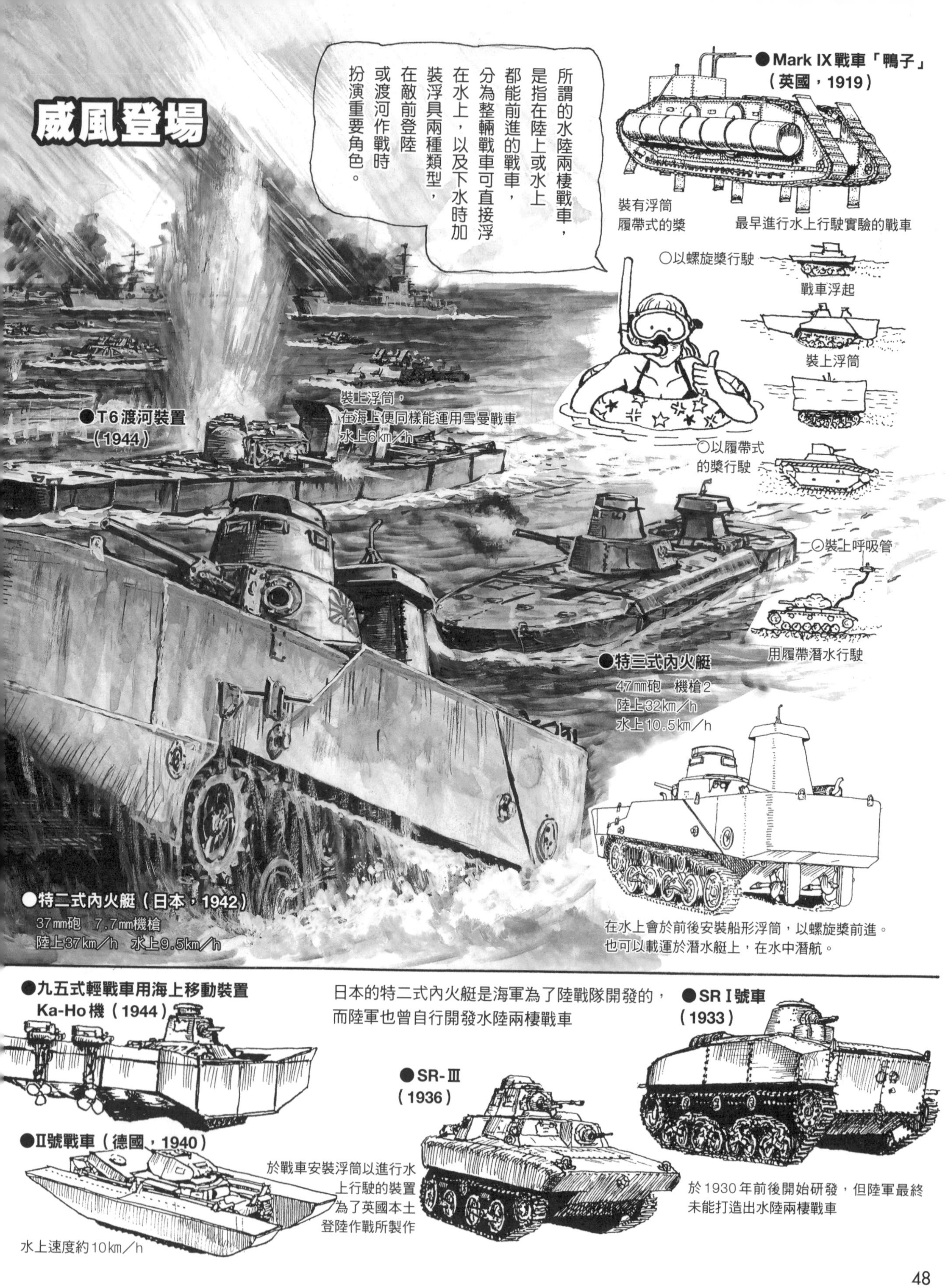
威風登場
所謂的水陸兩棲戰車，
是指在陸上或水上
都能前進的戰車，
分為整輛戰車可直接浮
在水上，以及下水時加
裝浮具兩種類型，
在敵前登陸
或渡河作戰時
扮演重要角色。
●Mark IX戰車「鴨子」
（英國，1919）
裝有浮筒
履帶式的槳
最早進行水上行駛實驗的戰車
○以螺旋槳行駛
戰車浮起
裝上浮筒
○以履帶式
的槳行駛
○裝上呼吸管
用履帶潛水行駛
●T6渡河裝置
（1944）
裝上浮筒，
在海上便同樣能運用雪曼戰車
水上6km／h
●特三式內火艇
47mm砲　機槍2
陸上32km／h
水上10.5km／h
在水上會於前後安裝船形浮筒，以螺旋槳前進。
也可以載運於潛水艇上，在水中潛航。
●特二式內火艇（日本，1942）
37mm砲　7.7mm機槍
陸上37km／h　水上9.5km／h
●九五式輕戰車用海上移動裝置
Ka-Ho機（1944）
日本的特二式內火艇是海軍為了陸戰隊開發的，
而陸軍也曾自行開發水陸兩棲戰車
●SR Ⅰ號車
（1933）
●SR-Ⅲ
（1936）
●Ⅱ號戰車（德國，1940）
於戰車安裝浮筒以進行水
上行駛的裝置
為了英國本土
登陸作戰所製作
水上速度約10km／h
於1930年前後開始研發，但陸軍最終
未能打造出水陸兩棲戰車

敵前登陸就由我打頭陣!! 水陸兩棲戰車

■美國自豪的水陸兩棲戰車部隊

美國海軍陸戰隊在第二次世界大戰的太平洋戰場大量使用LVT（A）水陸兩棲戰車（履帶登陸車），接二連三地壓制了日軍防衛的海灘陣地。

LVT為兵員貨物運輸型，稱作Amtrac；LVT（A）則是武裝型，稱作Amtank。

●DD戰車

水上航行時無法射擊

陸上4.0㎞/h　水上7.3㎞/h

●LVT（A）4（1944年）

75㎜榴彈砲

12.7㎜機槍

陸上40㎞/h

水上11㎞/h

●雪曼

DD戰車登陸後收起浮幃開始攻擊

雪曼戰車的火力是最強的。

張開防水帆布漂浮於水面，

以螺旋槳在水上行駛。

未使用於波濤洶湧的太平洋戰場。

●LVT（A）1（美國，1943）

用途為提供登陸部隊火力支援，但被認為火力不足，因此打造出了（A）4

37㎜砲　7.62㎜機槍×3　陸上32㎞/h　水上12㎞/h

●T-40（1939）

車內有浮力艙

12.7㎜機槍

陸上45㎞/h

水上6㎞/h

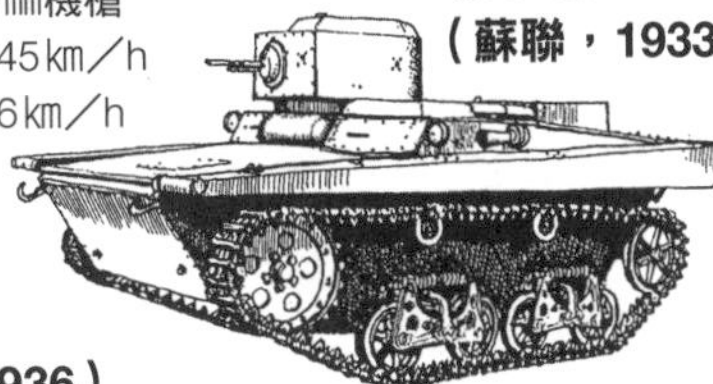

●T-37（蘇聯，1933）

7.62㎜機槍

陸上45㎞/h

水上6㎞/h

第一款量產的偵察用水陸兩棲戰車

●T-38（1936）

T37的小改良版

可說是全世界第一款水陸兩棲戰車

●卡登．洛伊德VCL（英國，1932）

偵察用輕戰車，蘇聯、中國、泰國等國有購買

7.92㎜機槍　陸上32㎞/h　水上6㎞/h

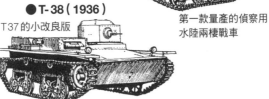

現代的水陸兩棲戰車

二戰後，有能力進行正統登陸作戰的國家只剩下美國、蘇聯，也僅有這兩國及宣稱要用武力解放台灣的中國持續進行水陸兩棲戰車的開發。

●M551謝里登（美國，1966）
以能夠水上浮航的
空投戰車為目的所開發
152㎜砲
陸上70㎞／h
水上：使用收納於車身的浮幛
●IKV91水陸兩棲戰車
（瑞典，1975）
水陸兩棲的戰車驅逐車，
配備70㎜砲，
7.62㎜機槍×2
陸上65㎞／h
水上6.5㎞／h
●99式水陸兩棲戰車（中國，2000年）
中國的最新型戰車
陸上60㎞／h
水上？
105㎜砲
12.7㎜機槍
7.62㎜機槍
●63式水陸兩棲輕戰車
（中國，1950年代）
PT-76的發展型
陸上50㎞／h
水上9㎞／h
水上航行以
噴水推進器推進
85㎜砲
12.7㎜機槍
7.62㎜機槍
現代的主力戰車都有CBR防護裝置，因此絕大多數都能潛水。
●豹2型
西方世界國家
的戰車以
塔式呼吸管居多
設定條件為
可渡過水深4m的河
使用一般配備的
呼吸管
●PT-76水陸兩棲輕戰車（蘇聯，1952）
最為成功的水陸兩棲戰車，生產了約1萬2000輛，
於蘇聯、東歐各國及其他國家長年使用。
76.2㎜砲　7.62㎜機槍　陸上44㎞／h　水上10.2㎞／h
●T-62

●EFV遠征戰鬥載具　海軍陸戰隊的最新型車輛

30㎜機砲
7.62㎜機槍

以陸上72㎞／h，水上46㎞／h的高速突襲敵軍
因成本過高，於2011年中止開發

■塔式呼吸管

塔式呼吸管能容納人通過，好處是可以用於逃生，但因為在實戰中太過顯眼，後來轉而使用細的呼吸管。
蘇聯軍的預想是在水深5.4m，河寬700m，水流1.5m／s的狀況下進行渡河作戰。
另外，渡河準備需要一個多小時。

※CBR：C（化學武器）、B（生物武器）、R（放射武器）

空中裝甲部隊可以空降在敵方意想不到的地點，趁敵人慌亂之際給予痛擊，而空降戰車便是其主力。
由運輸機或直升機載運，迅雷不及掩耳地攻入敵方陣營！

出其不意從天而降 空降戰車

為了支援傘部隊的奇襲戰術，
日軍曾有過這些飛行戰車的構想！

●特三號戰車（Ku-Ro車）
裝上翅膀變身滑翔機
並由飛機拖曳
翅膀長度達22公尺
原本的目標是在4000公尺的高度
以時速250公里飛行
重量 2.9噸
乘員 2人
37㎜砲1門
計畫以「飛龍」等飛機拖曳
也曾有過這樣的構想。
這確實需要用到降落滑撬。
（參考《奇想天外兵器》新紀元社出版）
似乎難以直接用履帶起降。高荷先生在《戰車の本》裡所畫的，則是像下圖那樣有附輪胎
從Ku-7運輸滑翔機空降的二式輕戰車
這才是最有希望實現的
Oh my god！天上竟然有戰車!!
特三號戰車（Ku-Ro車）是1943年開始研究的，但這種輕戰車就算進到美軍陣地，也發揮不了任何作用，因此日方很明智地中止了開發。
不過，也有其他國家在開發類似的武器。

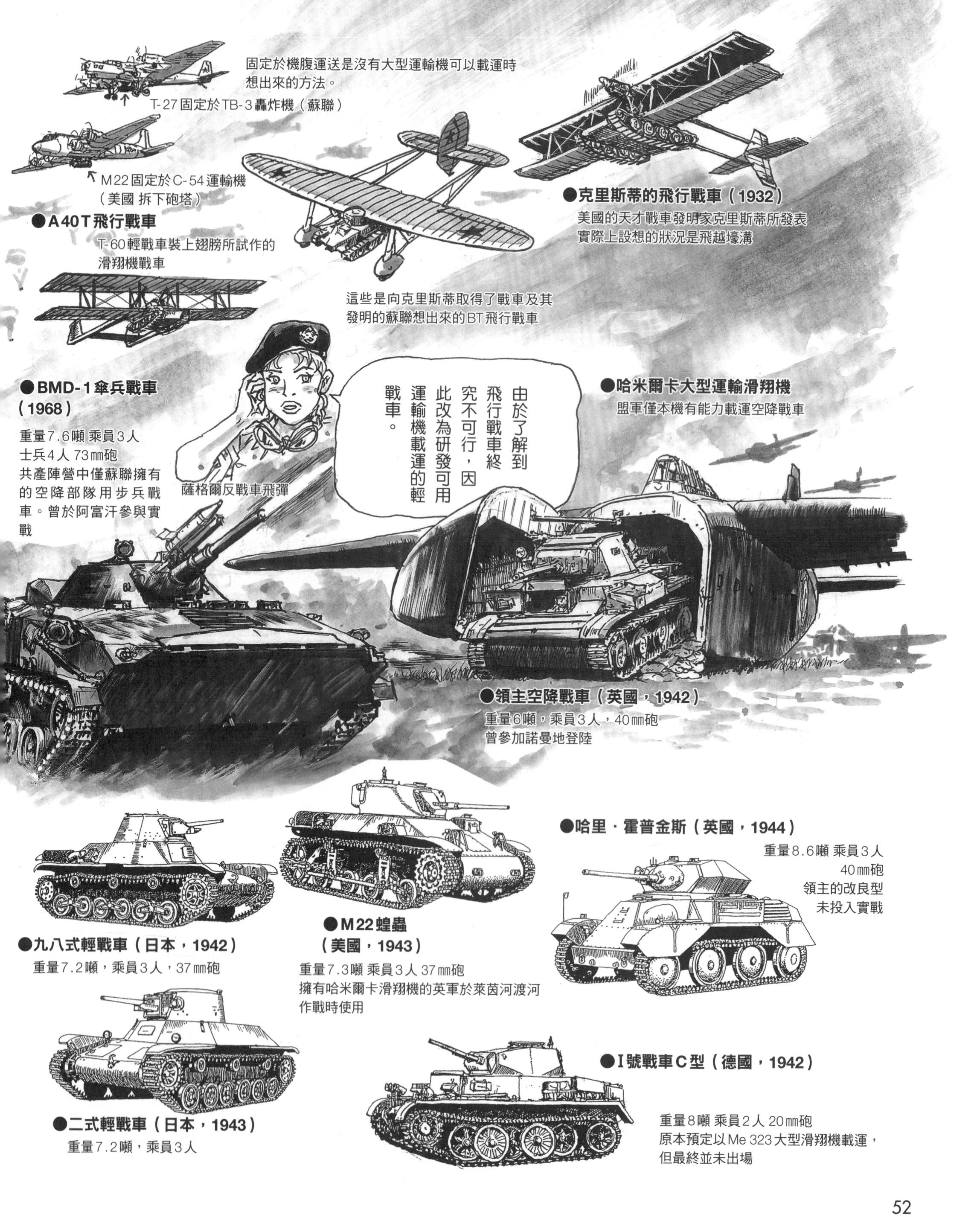
固定於機腹運送是沒有大型運輸機可以載運時想出來的方法。
T-27固定於TB-3轟炸機（蘇聯）
M22固定於C-54運輸機（美國 拆下砲塔）
●A40T飛行戰車
T-60輕戰車裝上翅膀所試作的滑翔機戰車
●克里斯蒂的飛行戰車（1932）
美國的天才戰車發明家克里斯蒂所發表
實際上設想的狀況是飛越壕溝
這些是向克里斯蒂取得了戰車及其發明的蘇聯想出來的BT飛行戰車
●BMD-1傘兵戰車（1968）
重量7.6噸 乘員3人
士兵4人 73㎜砲
共產陣營中僅蘇聯擁有的空降部隊用步兵戰車。曾於阿富汗參與實戰
薩格爾反戰車飛彈
由於了解到飛行戰車終究不可行，因此改為研發可用運輸機載運的輕戰車。
●哈米爾卡大型運輸滑翔機
盟軍僅本機有能力載運空降戰車
●領主空降戰車（英國，1942）
重量6噸，乘員3人，40㎜砲
曾參加諾曼地登陸
●九八式輕戰車（日本，1942）
重量7.2噸，乘員3人，37㎜砲
●M22蝗蟲（美國，1943）
重量7.3噸 乘員3人 37㎜砲
擁有哈米爾卡滑翔機的英軍於萊茵河渡河作戰時使用
●哈里・霍普金斯（英國，1944）
重量8.6噸 乘員3人
40㎜砲
領主的改良型
未投入實戰
●二式輕戰車（日本，1943）
重量7.2噸，乘員3人
●I號戰車C型（德國，1942）
重量8噸 乘員2人 20㎜砲
原本預定以Me 323大型滑翔機載運，但最終並未出場

火速至前線報到！空降戰車大集合

雖說要能夠用降落傘從天而降才算得上是空降戰車，
但在實戰中，其實都是已經確保了飛行場後，
以運輸機將戰車送往戰場。

後來終於出現了能夠空運、空投的戰車——謝里登。
為了做到輕量化，謝里登的車身以鋁合金打造，
還能於水面浮航。
由於具備可發射反戰車飛彈的主砲，
堪稱空降部隊的最強戰車。

●Sikorsky S-64 Skycrane
●Mi-6 Hook
●M56 蠍式自走砲（1953）
重量7噸 乘員4人 90㎜砲 越戰
●M551空降突擊車「謝里登」（1966）
重量13.6噸 乘員4人 152㎜砲
（也可發射飛彈）
曾於越戰、波灣戰爭使用
●T92試作空降戰車（1957）
重量18.7噸，乘員3人，76㎜砲
●ASU-85空降自走砲（1960）
重量15.5噸，乘員4人
85㎜砲
●ASU-57空降自走砲（1951）
曾於阿富汗出動
●M8 AGS（1995）
重量18噸
乘員3人
105㎜砲
原本為了
當作謝里登
的後繼車種而開發，
但因預算縮減而取消生產
●2S9「秋牡丹」（1981）
配備120㎜砲
●BMD-2（1985）
配備30㎜機砲
武裝強化型
◎BMD系列
●BTR-D
裝甲運兵車
●BMD-3（1990）
配備大型化的2人用砲塔

夢幻新武器登場 這才叫空中戰車!!
只要開一個開關就能飛越障礙物
穿過敵方的雷區、反戰車壕、險峻的高山
直搗敵方陣地要害！
●飛跳戰車
U.S. ARMY
1970年代美國曾進行飛跳戰車的研究，計畫改造M48，使其能上升至15公尺的高度，並且飛行約500公尺遠。
藉這具螺旋槳
使戰車上升、前進
■21世紀的祕密武器
根據全世界最新情報所構思出的尖端未來武器
●陸、海、空暢行無阻的怪物戰車
●空中飛彈戰車
以可變式噴射引擎飛行，
從敵方頭頂或後方攻擊
・雷達與潛望鏡
●飛天機器人戰車
這就是終極的未來戰車!!
連士兵都不需要了
・垂直上升用
噴射器
從海中竄出殺得敵方措手不及。這是我的老師小松崎茂想出來的超級戰車能在陸地上高速靈巧行駛的輪型裝甲車可說是最適合21世紀的裝甲戰鬥車輛。雖然世界各國都在進行輪型裝甲車的開發，但若考量到防禦面，則仍是戰車占優勢。

8輪重裝甲車
陸戰的新主角是否會取代戰車？

輪型裝甲車因有重量的限制
防禦力終究不如戰車
有時會視情況加裝柵欄裝甲

●史崔克裝甲車（美國，1970）
陸軍為了快速部署部隊而開發，尺寸較原型LAVIII大了一號，不具浮航能力
裝甲運兵車型12.7㎜×1　100㎞／h

■史崔克裝甲車家族

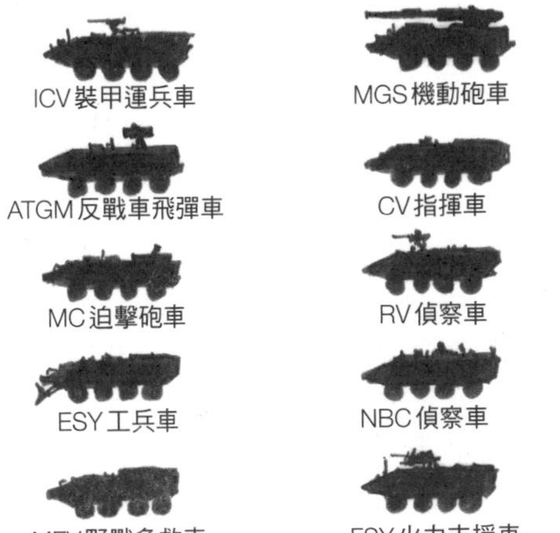
ICV裝甲運兵車
MGS機動砲車
ATGM反戰車飛彈車
CV指揮車
MC迫擊砲車
RV偵察車
ESY工兵車
NBC偵察車
MEV野戰急救車
FSY火力支援車

衍生變化車種多也是現代輪型裝甲車的特色之一

◎輪型裝甲車超進化

21世紀是非正規戰爭的時代，全球各地都爆發了中小規模的區域衝突。

面對這種狀況，各國紛紛設立具備高度機動性及應變力的「快速部署部隊」。

快速部署部隊是能藉由空中運輸派遣至各地，攻擊力、機動性俱佳的機械化部隊，主要裝備為輪型裝甲車。

而在冷戰結束後，各國都削減了軍事預算，相較於昂貴的主力戰車，價格較低廉的裝甲車因而受到矚目。

不過就防禦力而言，輪型裝甲車仍舊不及戰車，似乎許多人還是希望戰場上要有戰車。

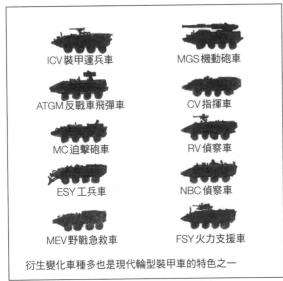

8輪重裝甲車歷史圖鑑

◎最高速度
。浮航＝水陸兩棲車

●ADGZ裝甲車（奧地利，1935）

為了邊境戒備、維持治安所開發
與德國合併後由德軍使用

20㎜×1
7.92㎜×3
◎70㎞／h

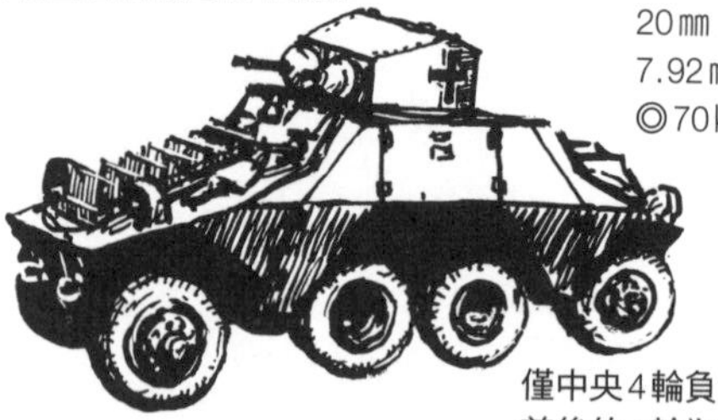

僅中央4輪負責驅動
前後的4輪為轉向用

●Sd.Kfz.231
（德國，1936）

20㎜×1
7.92㎜×1
◎85㎞／h

德軍的重裝甲車
8輪驅動、8輪轉向，與ADGZ一樣前後皆有操縱裝置

●Mk.VI裝甲偵察車（南非，1941）

為用於北非戰役
試作了2輛
8×8
並配備2磅砲

2磅砲×1
7.62㎜×2

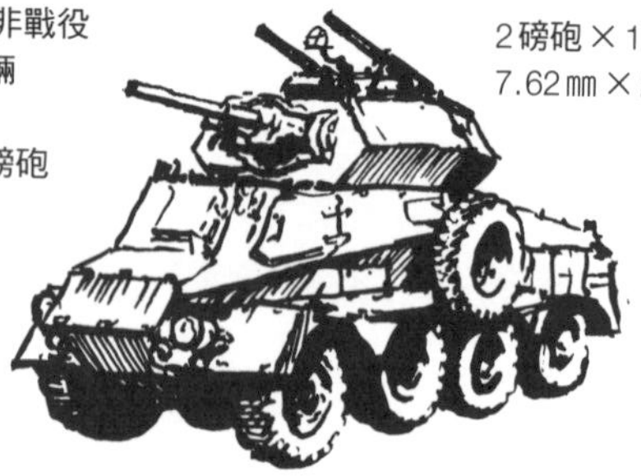

●Sd.Kfz.234／2　美洲獅（德國，1944）

表現超乎預期的
Sd.Kfz.231系列
之後繼車種

裝甲經過強化
也有生產搭載75㎜反戰車砲的戰車型
50㎜×1，7.92㎜×1　◎80㎞／h

●BTR-70（蘇聯，1980）

BTR-60的改良型，但評價不佳
浮航　◎80㎞／h

●山貓式偵察車（德國，1975）

第二次世界大戰後
開發的重裝甲車
20㎜×1　◎90㎞／h

●BTR-60（蘇聯，1960）

為了機械化而大量生產的裝甲運兵車

14.5㎜×1
7.62㎜×1
◎80㎞／h

8×8，具浮航能力
可供海軍步兵
於登陸作戰使用

●Panhard EBR
（法國，1950）

雖然是8×8，但中央的4輪平時以油壓裝置升起，於崎嶇路面行駛時才放下使用
75㎜×1（後改為90㎜）　7.5㎜×2　◎105㎞／h

●LAV-25（美國，1982）

25㎜×1
7.62㎜×1

原型為瑞士的食人魚裝甲車
獲海軍陸戰隊採用
8×8　浮航　◎100㎞／h

●YP-408（英國，1964）

受荷蘭要求打造的裝甲運兵車
12.7㎜×1　◎80㎞／h

●OT-64SKOT
（捷克斯洛伐克，1964）

捷克斯洛伐克與波蘭
共同開發

14.5㎜×1
◎95㎞／h
浮航8×8

●BRDM（蘇聯，1957）
水陸兩棲偵查裝甲車
4×4

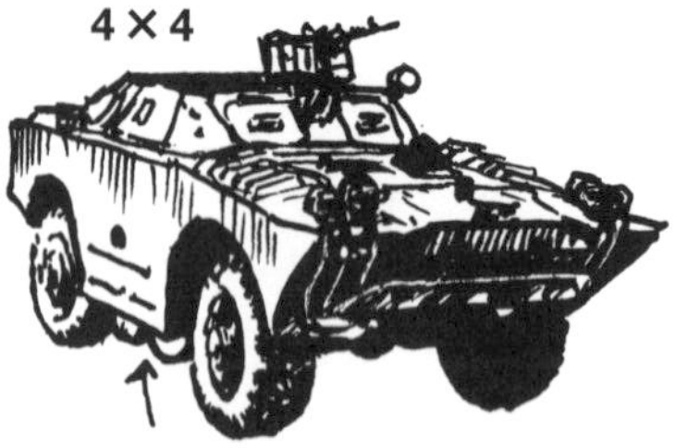

看起來是8輪，
但這些僅是崎嶇路面用的輔助輪

7.62㎜×1
◎80㎞／h

食人魚、
潘德、
AMV可說是
8×8裝甲車
目前的主要車種。

●野牛（加拿大，1989）

以LAV為基礎改裝而成的裝甲運兵車，獲加拿大軍方採用

7.62㎜×1

8×8

浮航

◎100km／h

●BTR-80（蘇聯，1984）

可說是

BTR-60的

終極進化版，

有各式各樣的衍生變化車種

浮航

◎80km／h

●BTR-90（蘇聯，1994）

尺寸較BTR-80大上一號

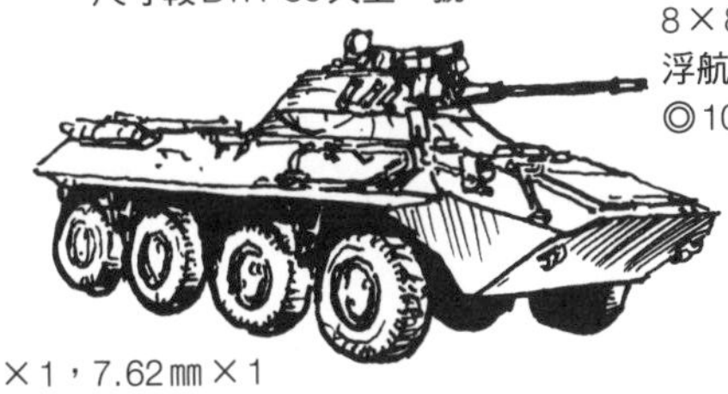

8×8

浮航

◎100km／h

30㎜×1，7.62㎜×1

30㎜榴彈發射器×1

●96式輪型裝甲車（日本，1996）

陸上自衛隊第一款8×8的裝甲運兵車

40㎜榴彈發射器×1　◎100km／h

●Freccia VBM

（義大利，2007）

半人馬裝甲車

所衍生出的

步兵戰鬥車

25㎜×1

7.62㎜×1

◎110km／h

●VN-1（中國，2006）

具浮航能力的

新型裝甲車

30㎜×1、7.62㎜×1　◎100km／h

●潘德Ⅱ

（奧地利，2005）

獲奧地利等6國採用

具浮航能力　12.7㎜×1

◎105km／h

●食人魚Ⅲ（瑞士，1996）

於1970年代後期開發，

樹立了輪型裝甲車的標準

目前有6×6、8×8、

10×10的車種

各種機砲

◎100km／h

具浮航能力

●Patria AMV

（芬蘭，1984）

數國曾於波士尼亞

維和任務中使用

可浮航　◎100km／h

●拳師裝甲車（德國／荷蘭，2009）

目前全世界最大的輪型裝甲車

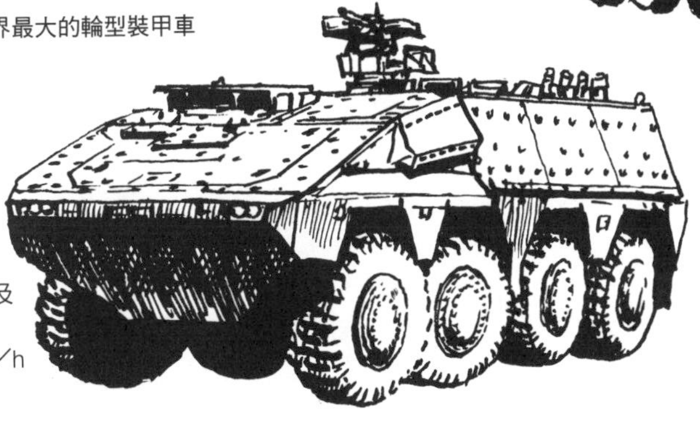

車身注重

防禦能力及

匿蹤技術

◎103km／h

25㎜×1

7.62㎜×1

◎100km／h

●VBCI步兵戰鬥裝甲車（法國，2004）

採用模組化裝甲

一擊必中!!打了就跑

搭載105㎜砲的輪型裝甲車

各國目前都正在開發配備了大口徑火砲的裝甲車，以提供偵察部隊火力支援。

這種裝甲車不但有重裝甲，而且機動性高，還能勝任反戰車戰鬥，堪稱超進化版的裝甲車。

◎：最高時速

●AMX-10RC戰鬥偵察車
（法國，1978）

雖然是6×6，
但配備了105㎜砲
可浮航
◎85㎞／h

●半人馬戰車驅逐車
（義大利，1989）

被視為能與戰車戰鬥的裝甲車
配備120㎜滑膛砲
也有最新型
◎100㎞／h

●獰貓裝甲車（南非，1989）

最初搭載的是75㎜砲
◎120㎞／h

●史崔克MGS機動砲車
（美國，2003）

自動裝填使得
發射速度可達
每分鐘10發
◎97㎞／h

●潘德IICV
（奧地利，2004）

與半人馬
配備相同火砲
◎105㎞／h

●Vextra
（法國，開發中）

AMX-10RC的
後繼車種

●VNI-1戰車驅逐車
（中國，開發中）

快速部署部隊必須具備空運能力及長距離行駛能力，
因此有了重裝甲車取代戰車的角色

裝甲架橋車是一種工兵用戰車，伴隨裝甲部隊打前鋒的戰車前進，於遭遇障礙物、壕溝等狀況時搭設應急的橋樑，在正統工兵器材抵達前供戰鬥車輛通過。

裝甲架橋車

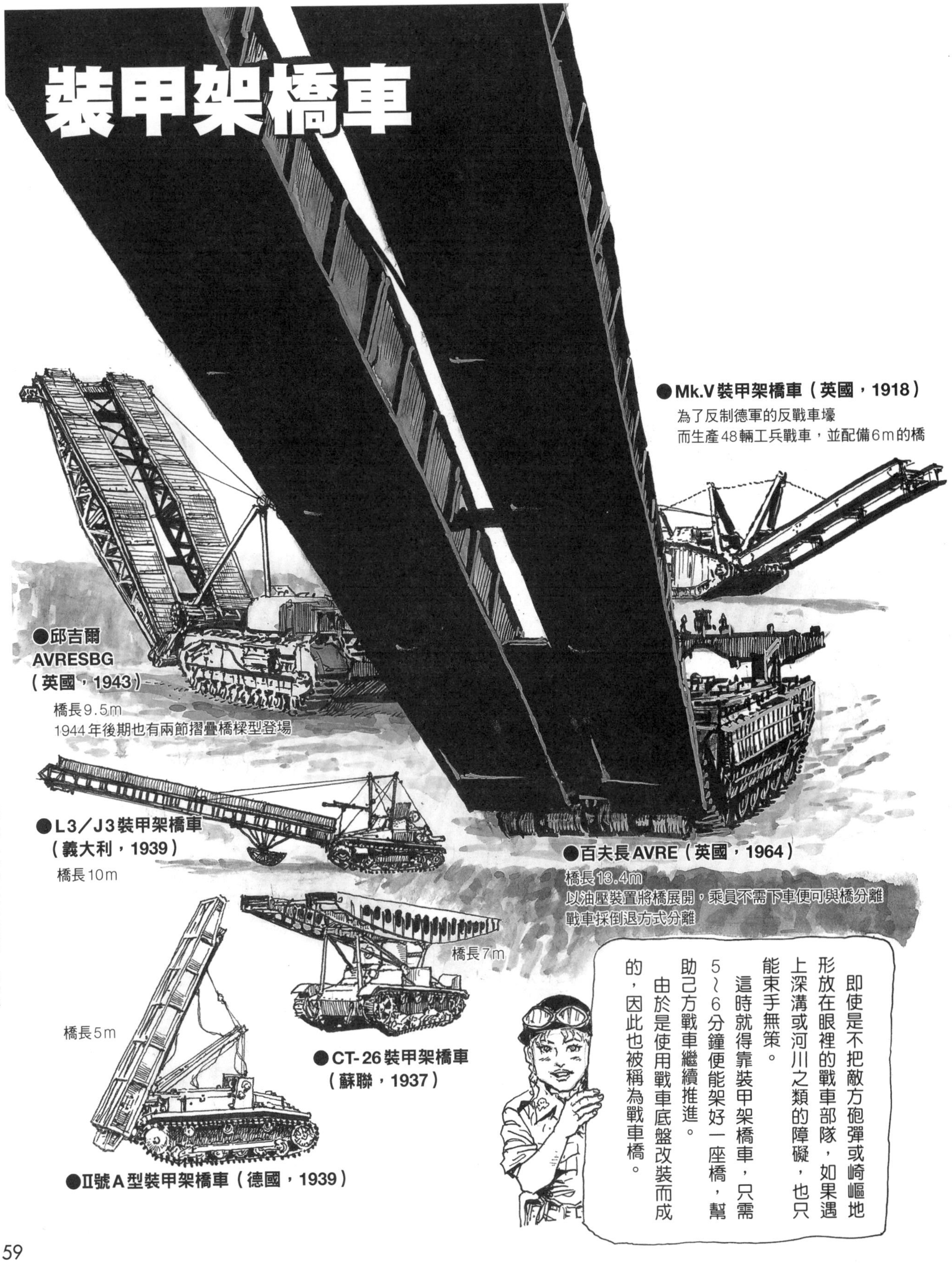

●Mk.V裝甲架橋車（英國，1918）
為了反制德軍的反戰車壕
而生產48輛工兵戰車，並配備6m的橋
●邱吉爾
AVRESBG
（英國，1943）
橋長9.5m
1944年後期也有兩節摺疊橋樑型登場
●L3／J3裝甲架橋車
（義大利，1939）
橋長10m
●百夫長AVRE（英國，1964）
橋長13.4m
以油壓裝置將橋展開，乘員不需下車便可與橋分離
戰車採倒退方式分離
橋長7m
●CT-26裝甲架橋車
（蘇聯，1937）
橋長5m
●II號A型裝甲架橋車（德國，1939）
即使是不把敵方砲彈或崎嶇地形放在眼裡的戰車部隊，如果遇上深溝或河川之類的障礙，也只能束手無策。
這時就得靠裝甲架橋車，只需5～6分鐘便能架好一座橋，幫助己方戰車繼續推進。
由於是使用戰車底盤改裝而成的，因此也被稱為戰車橋。

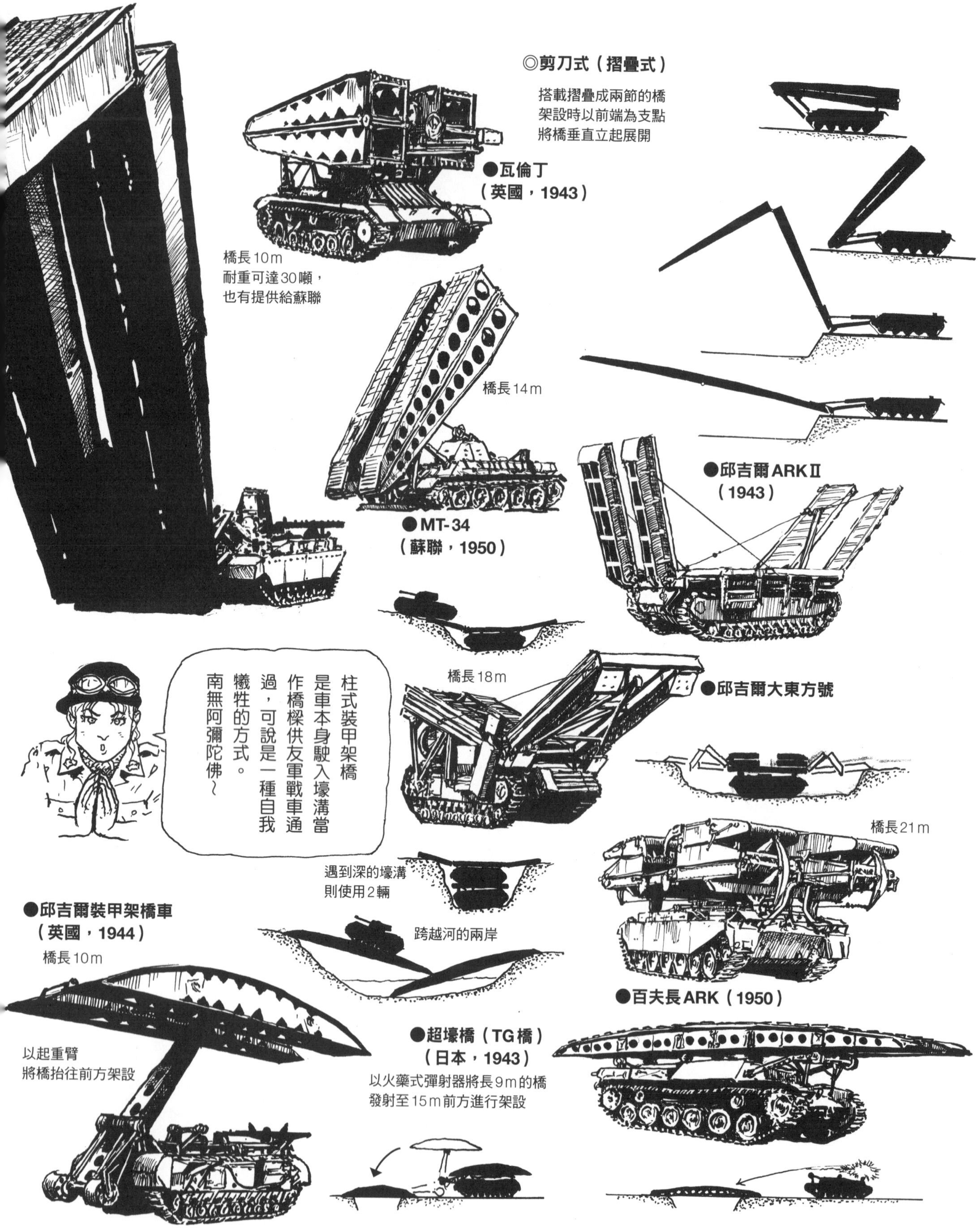
◎剪刀式（摺疊式）
搭載摺疊成兩節的橋
架設時以前端為支點
將橋垂直立起展開
●瓦倫丁
（英國，1943）
橋長10m
耐重可達30噸，
也有提供給蘇聯
橋長14m
●MT-34
（蘇聯，1950）
●邱吉爾ARKⅡ
（1943）
柱式裝甲架橋
是車本身駛入壕溝當
作橋樑供友軍戰車通
過，可說是一種自我
犧牲的方式。
南無阿彌陀佛~
橋長18m
●邱吉爾大東方號
橋長21m
遇到深的壕溝
則使用2輛
跨越河的兩岸
●邱吉爾裝甲架橋車
（英國，1944）
橋長10m
以起重臂
將橋抬往前方架設
●百夫長ARK（1950）
●超壕橋（TG橋）
（日本，1943）
以火藥式彈射器將長9m的橋
發射至15m前方進行架設

●67式戰車橋（日本，1971）

底盤為61式戰車
橋長12m

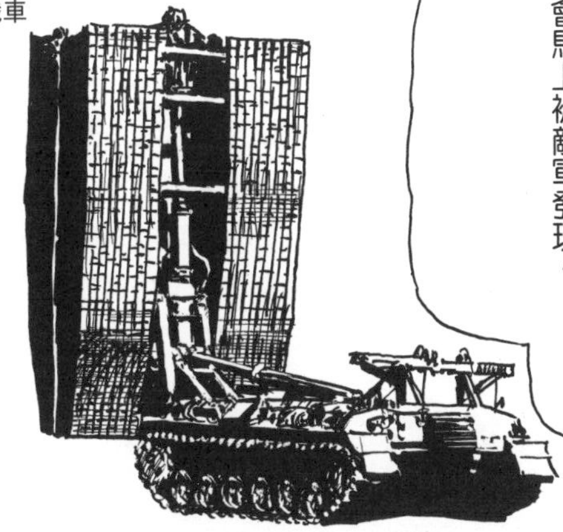

剪刀式雖然能配備長的橋，
但缺點是展開時要垂直立起，
會馬上被敵軍發現。

●AMX30
（法國，1970）

（只有法國是從後方推出橋身）
橋長22m，雖需花費10分鐘架設，但重量在當時最輕，
能以時速55㎞的高速行駛於道路

●酋長式AVLB
No.8戰車橋
（英國，1972）

橋長25m
有效23m
從這個狀態可以在
3～5分鐘完成
剪刀式最長的戰車橋架設，
10分鐘可收納完畢

●AVLB M60（美國）

底盤為M60戰車
橋有效長18.3m

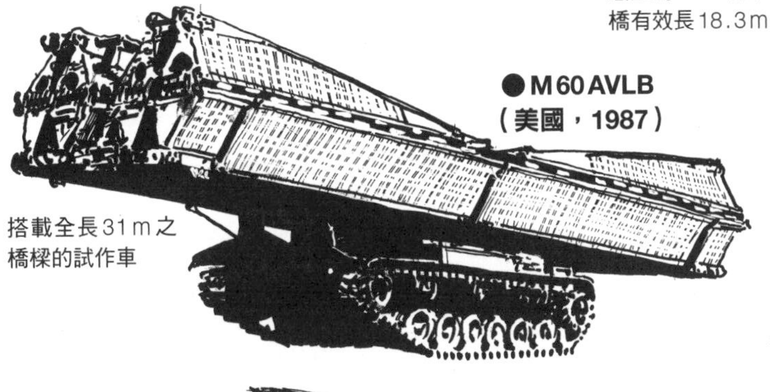

●M60AVLB
（美國，1987）

搭載全長31m之
橋樑的試作車

橋長20m

●PMCZ-94戰車橋
（波蘭，1998）

底盤為T-72戰車

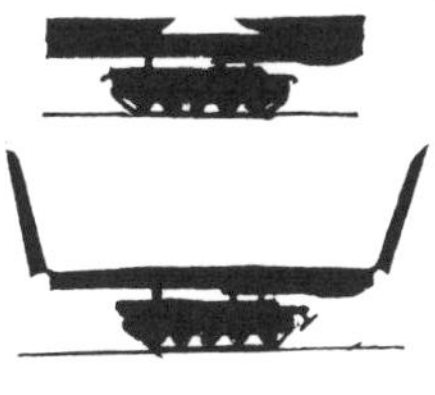

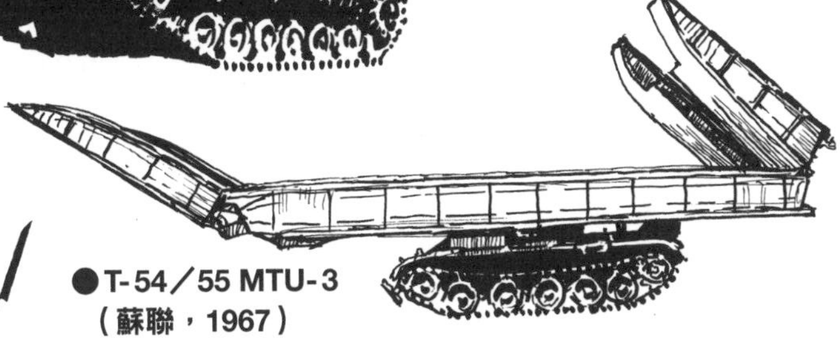

●T-54／55 MTU-3
（蘇聯，1967）

3節摺疊滑動式
橋長20m

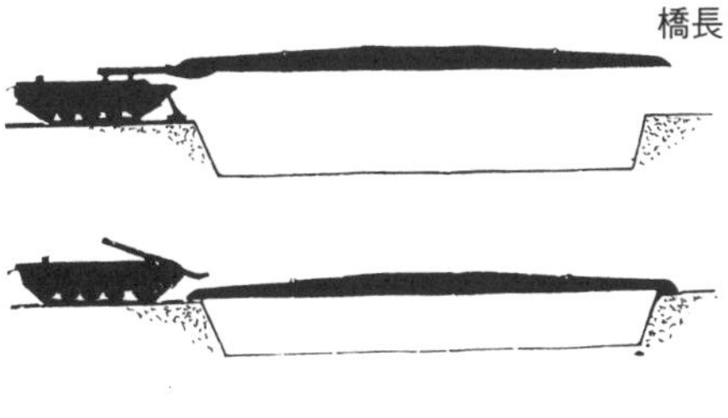

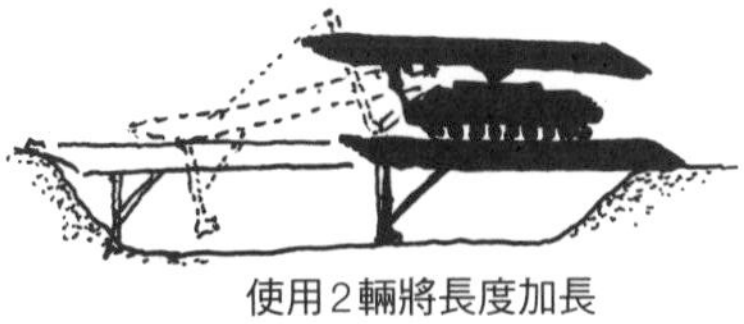

使用2輛將長度加長

●Ⅳ號戰車
（德國，1940）

將10m的橋樑
往前方滑出

平推式的裝甲架橋車
搭載了兩節疊在一起的橋樑，
架設時將下方那一節
往前滑動展開，
兩節連接起來之後
再推出整座橋。

●BRPZ1 海狸（德國，1973）

在豹1型戰車的底盤放上鋁合金製橋樑，採平推式架設
橋長22m（有效長20m），可供60噸以下車輛通行

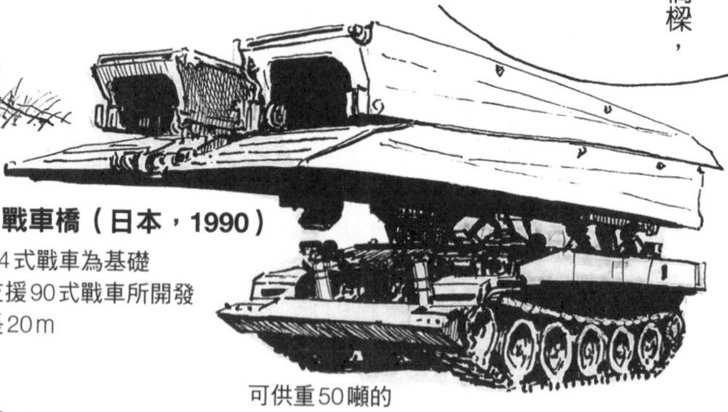

●91式戰車橋（日本，1990）

以74式戰車為基礎
為支援90式戰車所開發
橋長20m

可供重50噸的
90式戰車通過

●M104 Wolverine HAB
（美國，2000）

底盤為M1戰車

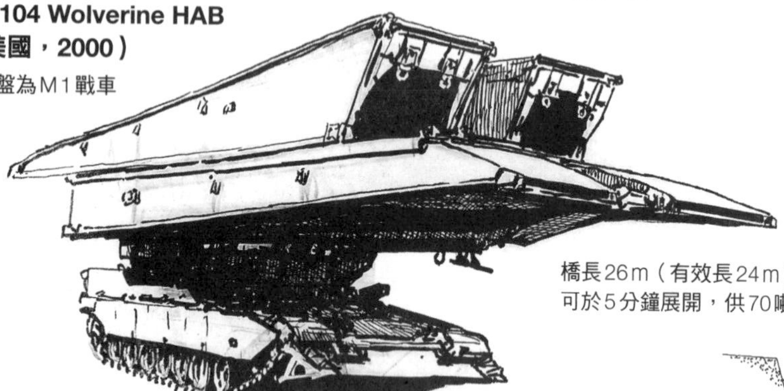

橋長26m（有效長24m）
可於5分鐘展開，供70噸重量通行

◎海狸橋

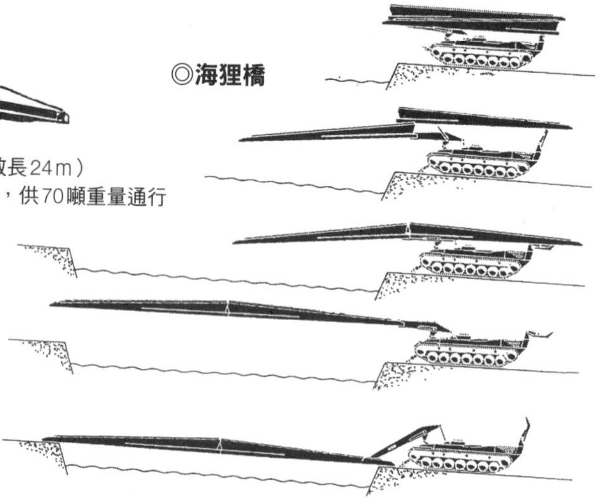

◎Brupz橋

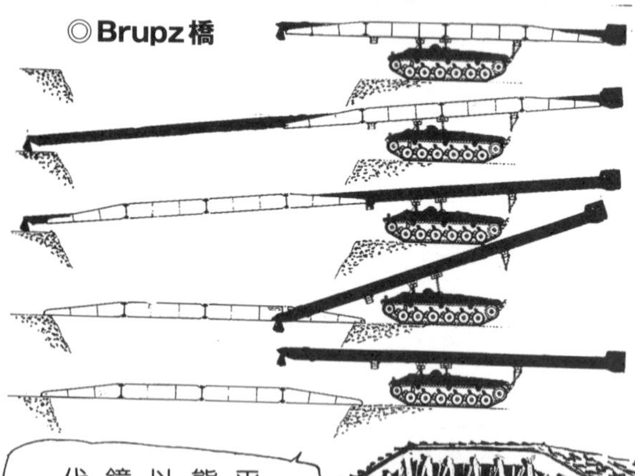

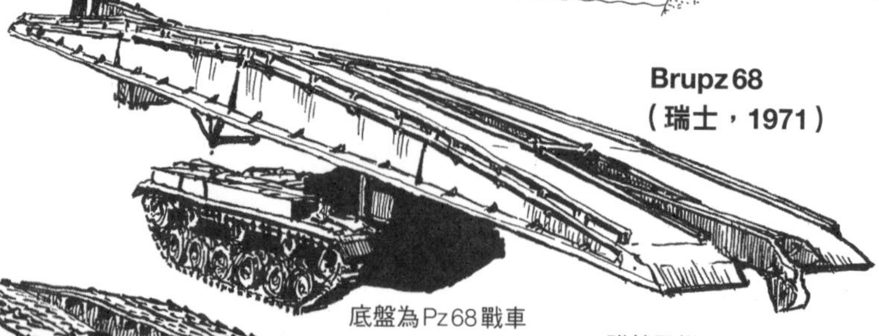

Brupz68
（瑞士，1971）

底盤為Pz68戰車

雖然同樣是平推式，
但橋樑部分為一體設計
橋長18.23m　耐重60噸

平推式的整體姿態較低，而且可以快速（約5分鐘）架設，是現代的主流。

●T-54-MT-1
（蘇聯，1950）

橋長14m　耐重50噸

掃雷車

掃雷車的作用是引爆敵軍埋設的地雷，以便己方裝甲部隊安全推進。英國及美國為讓工兵清除地雷，想出了各式各樣戰車改造而成的處理裝備。

●瓦倫丁蠍式
為突破德軍的雷區，
搭載了由南非技術軍官所發明，
名為「連枷」的除雷裝置。
這種裝置在動力滾筒上安裝了鏈條，
藉著敲擊地面引爆地雷
為了破壞阻礙戰車前進的地雷區，掃雷車因而誕生！
●M3格蘭特蠍式
●瑪蒂達蠍式
●瑪蒂達男爵
去除了武裝的車型
●雪曼侯爵

※自北非的阿拉曼戰役開始服役的「蠍式」1小時雖然僅能清除800公尺的雷區，但最後還是讓雪曼也配備了相同的掃雷裝置。
不過在性能有所提升的雪曼螃蟹式出現後，侯爵式便沒有量產了。

■火藥式
用火藥一口氣將雷區清理乾淨
以T12系統發射T13榴彈
●T10系統
■除雷鏟式
安裝除雷鏟將地雷挖起
以T5E3除雷鏟式清除地雷
●T1E1
安裝於M32戰車回收車的狀態
總重量165噸
●雪曼螃蟹式
第二次世界大戰時，
這種連枷式的掃雷車是最成功的
作業速度2㎞／h
■連枷式
旋轉裝有鏈條的滾筒
敲擊地面以引爆地雷
●MD1 Plum
英國所開發
美國海軍工兵部隊「Seabees」
打造的連枷式試作車
●T3
使用了英國的蠍式系統

雪曼戰車變身為獵雷戰車！

英、美軍為了讓工兵在戰火下能安全清除地雷，構思出了各種戰車改裝而成的處理設備。

■碾壓式

強化車身下方及履帶、底盤，直接輾過地雷引爆

●T15系統

■衝擊鍾式

引爆用的鋼柱
以18㎝為間隔敲擊地面前進

●T8地雷爆破裝置

曾以5條、6條、18條等不同數量進行測試

●T1E3滾輪

將T1E1系統改為供M4使用
總重量15.5噸
作業速度3～8㎞／h

■滾輪式

以沉重的滾輪壓過地面，
藉其重量引爆地雷

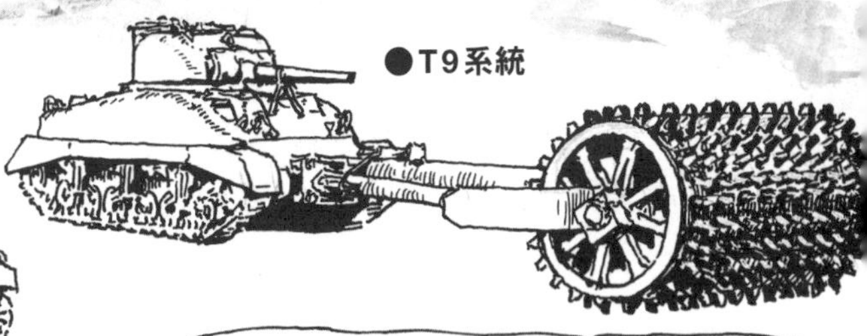

●T9系統

●T1E4系統

在T1系列中
具有較高機動性

這些滾輪並非用來引爆地雷，
而是以探測器發現地雷後，
交由後續的工兵處理

除雷鏟式的挖掘能力不夠強，滾輪式的重量則不足以引爆埋在深處的地雷，因此連枷式的清除速度雖慢，但在這幾種方式中被認為是最有效的。即使到了現在，地雷仍是戰車的強敵。

把妨礙前進的地雷全都抓出來!!
■德國
雖然最終僅是試作，但德國曾有過滾輪式的重型掃雷車
●掃雷車
KRUPP RAUMER S 碾壓式
●Ⅲ號掃雷戰車
滾輪式，經改造將車身提高
●Ⅳ號掃雷戰車
前方配備2個，後方配備1個滾輪
●BI掃雷車
無線操縱式的小型車
這類車輛後來發展為BIV及巨人哥利亞，在實戰中使用
●Minenräumer掃雷車
配備了Ⅰ號戰車的砲塔
碾壓式
■日本
●裝甲作業機
除雷鏟式
工兵的萬用作業車，也可清除地雷
除雷鏟
除雷鏟帶有角度的設計可將地雷鏟到履帶的行進路線外
●地雷處理Chu車
在九七式中戰車上安裝連枷。
■法國
●雷諾R35掃雷車
衝擊槌式
藉由衝擊引爆地雷
人員殺傷地雷用
■蘇聯
●PT-34掃雷車
1943年後期起配備於實戰部隊
試作期使用的是T34／76
滾輪式

即使在各式戰車紛紛出籠的二戰，陸戰的主角依舊是步兵。AVRE是英國開發的各種步兵支援戰鬥車輛的總稱。

AVRE

以邱吉爾戰車為基礎的突擊工兵部隊專用車輛

■AVRE（皇家工兵裝甲車）

AVRE是利用邱吉爾步兵戰車打造而成，供英國陸軍裝甲工兵使用的特殊用途車輛。1942年8月的第厄普登陸作戰是促成開發這款裝甲車的契機，為使工兵在敵方砲火下也能輕易且確實完成作業，裝甲厚實、車內空間寬闊的邱吉爾戰車便成了最適合的選擇。

英國開發出各式各樣的特殊車輛，總共改裝、製作了682輛戰車。

●邱吉爾V

搭載95㎜榴彈砲的密接支援車

●3吋自走砲Mk.I

為防備德軍入侵英國本土而開發

●裝甲運兵車

拆除了砲塔，可載運1個步兵班
僅改裝少數

藉這個機會
順便介紹邱吉爾
其他衍生車型。
得知德軍不會來犯後，
所有的3吋砲便成了
各種測試的對象。

■山羊式炸藥設置器材

●可升降式山羊
能將炸藥設置於
位在高處的障礙物
車身前方
搭載炸藥
乘員可在車內
操作、引爆
●Carrot
山羊式是為了破壞敵軍在
海灘上建築的碉堡
或混凝土牆所構思出來的
●山羊MkⅢ
●邱吉爾Onion
皆可以前進至裝設炸藥的目標地點
進行設置，再遠距離遙控引爆
裝有2根
爆破筒
●爆破筒

■地雷處理裝置（AMRCR）

英軍曾開發、實驗安裝於車身前方，以滾輪引爆地雷，
或用除雷鏟挖起地雷等不同方式的各種裝置。
牛角犁曾在歐洲戰場實際使用

●邱吉爾Conger
牽引了搭載
引爆地雷用火箭
的運輸車

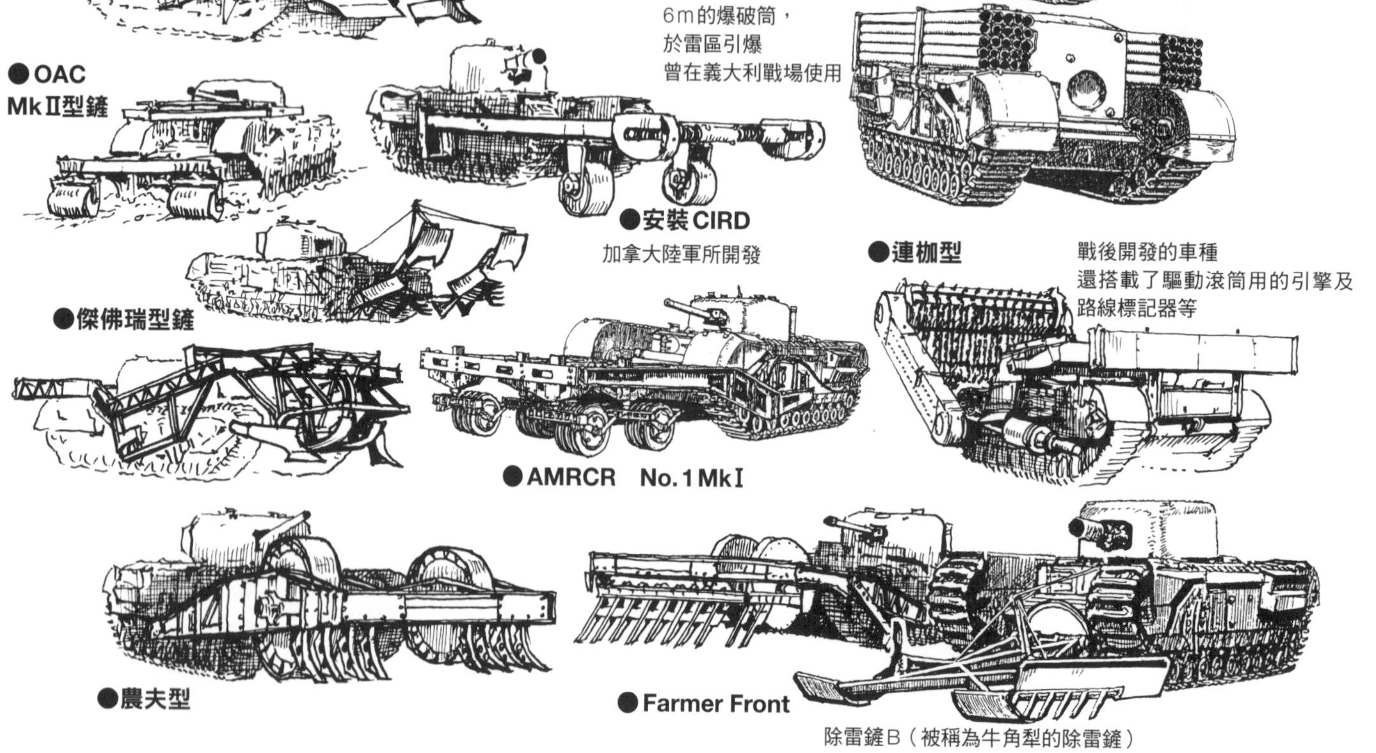
●OAC MkI型鏟
●爆破筒搭載型
車上堆放了直徑7.6㎝、長
6ｍ的爆破筒，
於雷區引爆
曾在義大利戰場使用
●OAC
MkⅡ型鏟
●安裝CIRD
加拿大陸軍所開發
●連枷型
戰後開發的車種
還搭載了驅動滾筒用的引擎及
路線標記器等
●傑佛瑞型鏟
●AMRCR No.1 MkⅠ
●農夫型
●Farmer Front
除雷鏟B（被稱為牛角犁的除雷鏟）

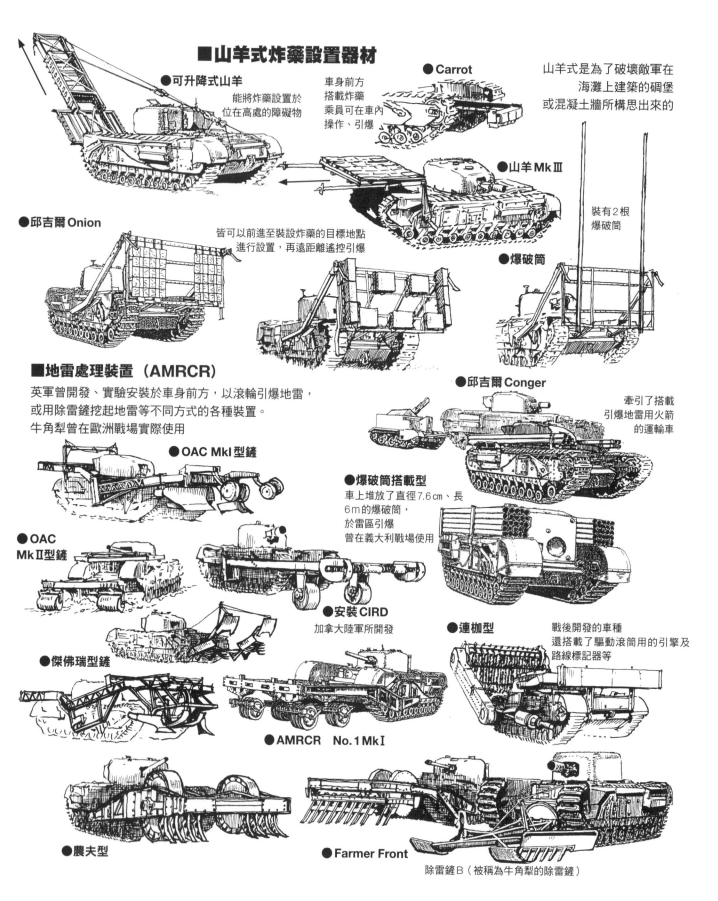

■AVRE = Armoured Vehicle Royal Engineers

AVRE可根據使用目的裝備各種配件
有飛天垃圾桶之稱的
迫擊砲
重量18kg
的砲彈最遠
可飛行80m
基礎為邱吉爾Mk.Ⅲ／Ⅳ
配備了大口徑的290㎜迫擊砲，
障礙物就靠它解決
砲身下方有滑動艙門，由此處裝填
用我的名字命名的這款戰車強悍、馬力大，又有各種配件可以用，不管什麼敵人都不怕！
於第厄普使用的
TLC型
◎Bobbin
配備鋪設帆布的捲筒
●TLC型
●A型
●木材地墊型
●C型 MkⅡ
●C型 MkⅠ
為方便裝甲戰鬥車輛
在沙灘或軟爛的路面行動
會在地面鋪設帆布
英國軍方以各種不同的
寬度及長度進行了測試
●柴捆搭載車
●Ardeer Aggie
將柴捆投入反戰車壕等，
以便車輛通過
為增強迫擊砲的威力，
裝備了Ardeer無後座力砲，
但最終僅有試作車
投放時
砲塔要轉向後方

■裝甲架橋車（ARK）

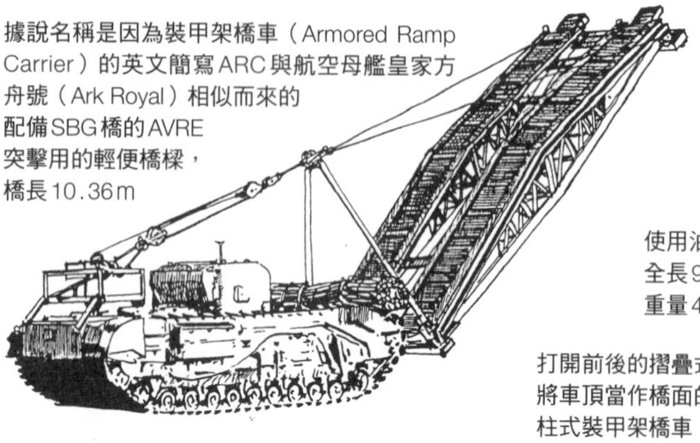

據說名稱是因為裝甲架橋車（Armored Ramp Carrier）的英文簡寫ARC與航空母艦皇家方舟號（Ark Royal）相似而來的

配備SBG橋的AVRE

突擊用的輕便橋樑，

橋長10.36m

●邱吉爾Bridge layer

使用油壓臂架設

全長9m，

重量4.8噸的橋樑

●邱吉爾ARK MkⅡ

打開前後的摺疊式橋體，

將車頂當作橋面的

柱式裝甲架橋車

橋長14m

戰後製造的邱吉爾ARK

橋長21m

●倍力橋推進車

●組裝式橋樑

有不同大小，圖中的裝有履帶

（無法自行移動）

於義大利戰場使用

■裝甲回收車（ARV）

●ARV　MkⅠ

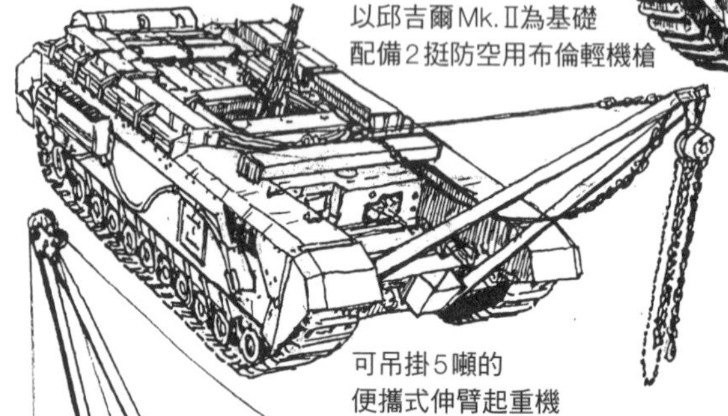

以邱吉爾Mk.Ⅱ為基礎

配備2挺防空用布倫輕機槍

可吊掛5噸的

便攜式伸臂起重機

●邱吉爾BARV

海灘用裝甲回收車，因考量到在沙灘上的使用，履帶附近設置了排土板

●邱吉爾CDL

配備野戰用探照燈

●ARV　MkⅡ

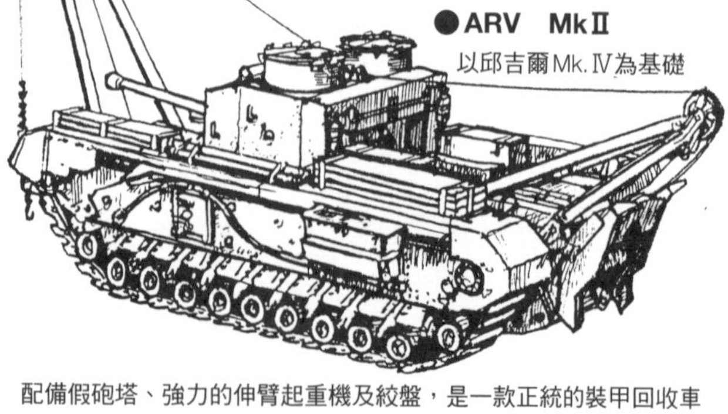

以邱吉爾Mk.Ⅳ為基礎

配備假砲塔、強力的伸臂起重機及絞盤，是一款正統的裝甲回收車

●以邱吉爾MkVII為基礎的AVRE

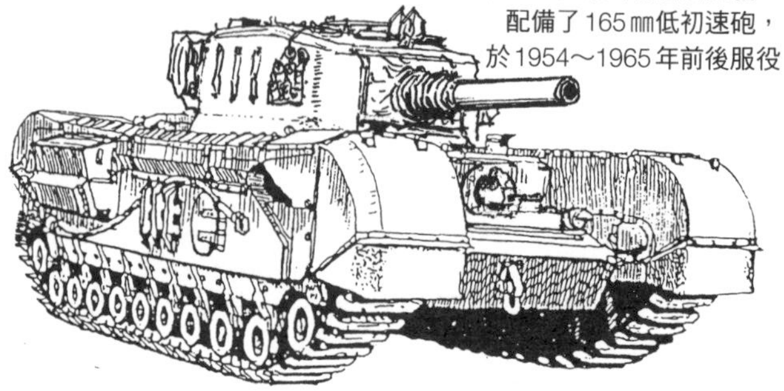

第二次世界大戰後所開發，

配備了165㎜低初速砲，

於1954～1965年前後服役

第2章

自走砲家族

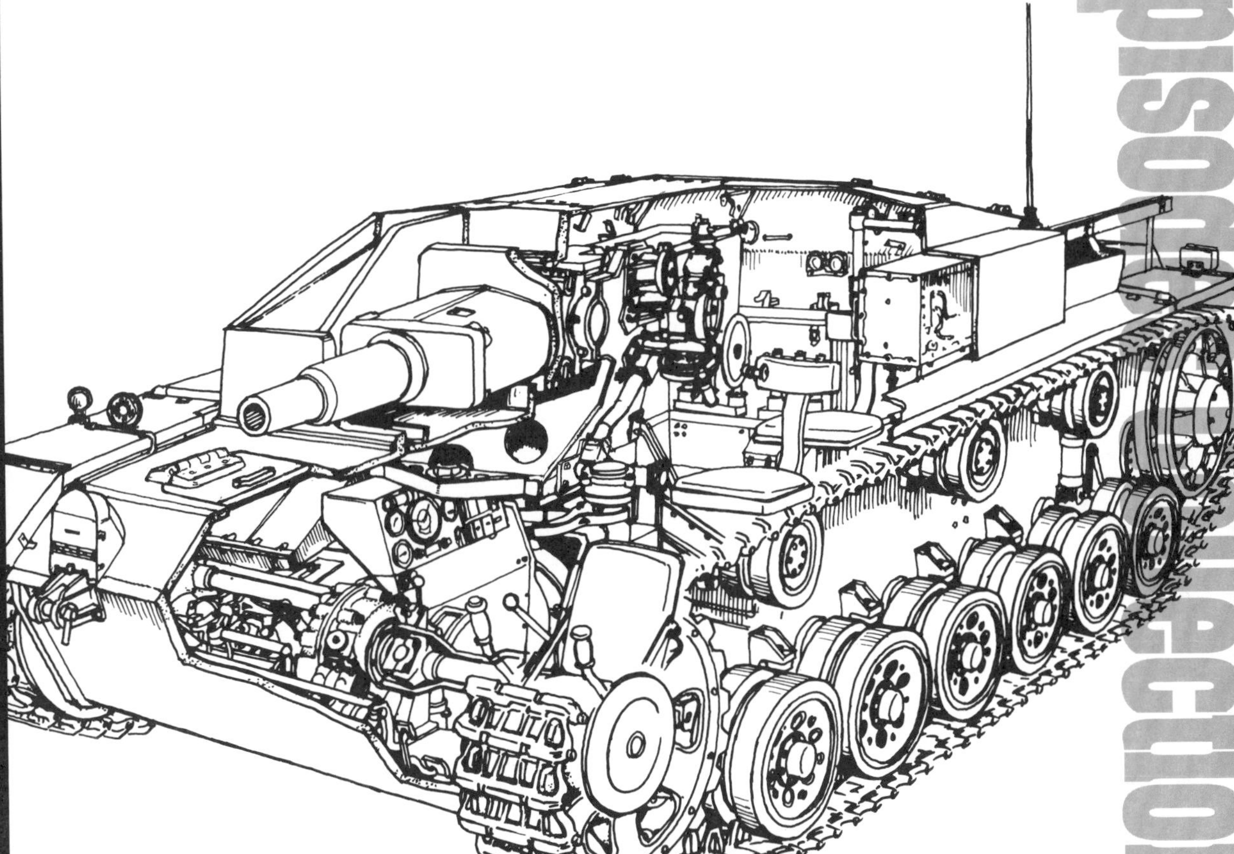

World Tank Encyclopedia

自走砲家族

第2章要介紹的是搭載了各式火砲，五花八門的自走砲。

從造型來看，自走砲似乎也是戰車的一種，而且容易讓人覺得只是用防空砲或反戰車砲取代了戰車砲。但要注意的是，自走砲是「能夠自行驅動、行駛的火砲」，而不是一種車輛。也就是說，自走砲並非在戰車車身上安裝火砲，而是為了讓火砲有移動能力，以履帶等戰車的行駛裝置取代輪胎，並使用了引擎。

能夠自行驅動、行駛的火砲，總稱自然是「自走砲」；依反戰車或防空等目的來稱呼的話，「防空自走砲」等說法也不會讓人覺得奇怪。但在講到榴彈砲、加農砲等各種自走火砲時，「榴彈砲自走砲」之類的稱呼就會顯得很奇怪。似乎還是把「自走」兩個字放前面，用「自走防空砲」這樣的講法比較好。

至於防空戰車則可以說是用防空砲取代戰車砲的戰車，兩者的差別可以用是否有四周包覆裝甲的砲塔來判斷。但是，這同樣跟每種武器各自的名稱完全沒有關係。例如，主武裝同樣為35㎜機砲，功能與造型也非常相似，但德國的叫作獵豹式防空戰車（Flakpanzer Gepard），日本陸上自衛隊的則叫87式自走高射機關砲，這一點相當有意思。

同樣地，如果要說驅逐敵方戰車的「驅逐戰車」與「戰車驅逐車」有何不同，就印象而言會覺得驅逐戰車的裝甲比較厚，但實際上或許有可能只是名稱不同罷了。

（文／浪江俊明）

第二次世界大戰時期的
自走砲

自走砲的意思便是可以憑藉自身動力行駛移動的火砲。第二次世界大戰時，許多國家都將其視為等同於戰車的陸戰武器，開發出五花八門的自走砲。

這是我的師兄平野光一先生所畫的TAMIYA M40 BIG SHOT
震撼的射擊場面讓喜愛模型的小孩癡迷不已
M40可說是美軍自走砲的集大成之作

所謂的自走砲，就如同字面上的意思，是以車輛載運火砲的自走式武器，根據火砲的種類可分為自走榴彈（加農）砲、反戰車自走砲、防空自走砲、自走步兵砲（突擊砲）等。這個單元要介紹的是執行砲兵原本的任務——戰鬥支援的自走榴彈（加農）砲。

大砲在過去原本是以馬匹拖行，後來改為用汽車牽引。接下來又為了能追上戰車部隊的行動，演變成搭載於履帶車上。

全世界最早的自走砲

●Gun Carrier MkI（英國，1917）

直接翻譯過來的意思是野砲運輸車，搭載的火砲為60磅砲或6吋榴彈砲。雖然可以射擊，但比起戰鬥任務，實際上更常卸除火砲，當成最前線的補給運輸車使用。

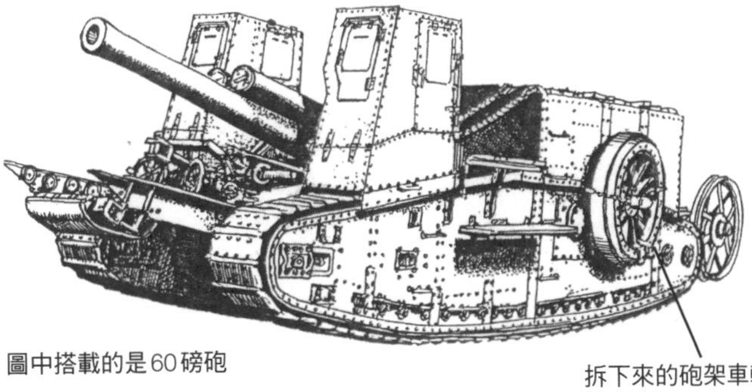

圖中搭載的是60磅砲

拆下來的砲架車輪

■德國

德軍在二戰中開發出了為數眾多的自走砲／自走榴彈砲

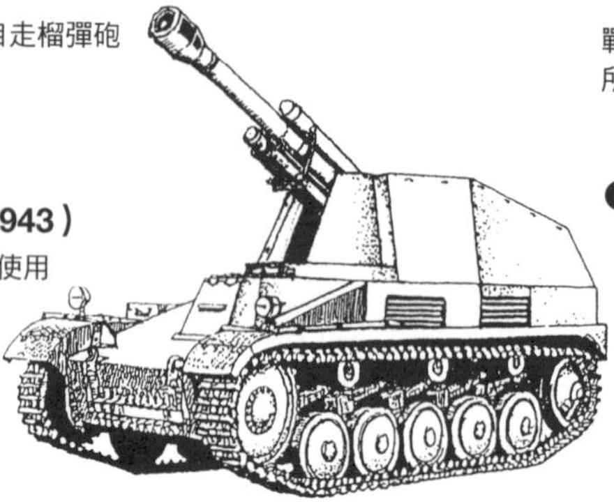

正統自走砲登場

●II號10.5㎝自走榴彈砲「黃蜂」(1943)

生產了676輛，作為德國裝甲砲兵的主力使用
底盤為II號戰車F型
另外也生產了159輛專用的彈藥運輸車，
在庫斯克會戰後於所有戰線使用
最大射程12.3㎞

●15㎝自走榴彈砲「野蜂」(1943)

在與犀牛式反戰車自走砲相同的車身上搭載15㎝野戰重榴彈砲
最大射程13㎞

二戰初期
閃電戰的勝利
讓德軍很早就
開始評估砲兵的
自走砲。

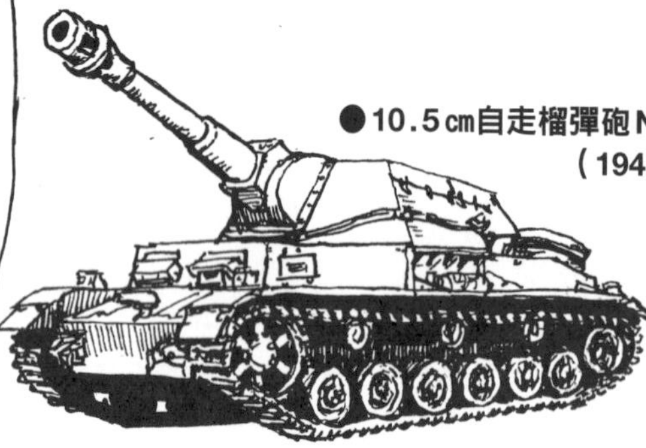

●10.5㎝自走榴彈砲Nb (1942)

為了與黃蜂式較勁所開發，使用IV號戰車的零件打造。
完成了8輛，並實驗性地於東部戰線參與實戰

■自法軍擄獲的戰車(1942年)

戰勝法國的德軍得到了許多法國戰車，並如下面的介紹所述，改裝成了自走砲等，有效加以運用

●SdKfz 135／t Lorraine牽引車 搭載15㎝13型野戰榴彈砲

●SdKfz 135 Lorraine牽引車 搭載10.5㎝輕野戰榴彈砲

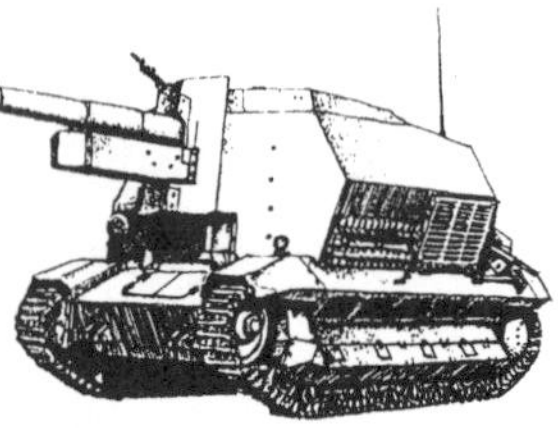

●搭載10.5㎝輕野戰榴彈砲FCM型火砲車

●搭載10.5㎝輕野戰榴彈砲39H型火砲車

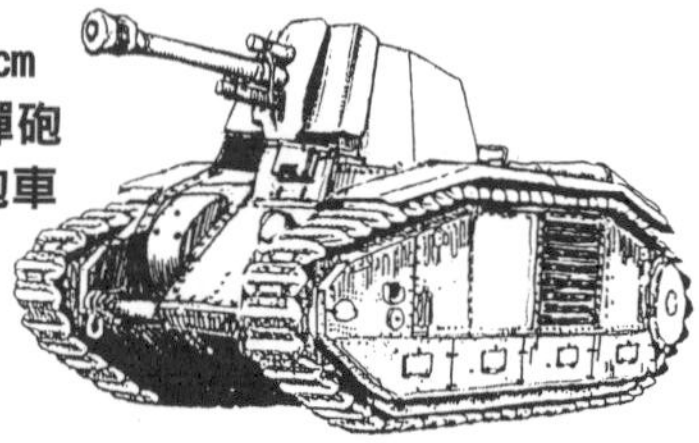

●搭載10.5㎝輕野戰榴彈砲B-2型火砲車

■義大利

●Semovente da 149／40 (1943)

149㎜加農砲
最大射程23.7㎞
僅試作1輛

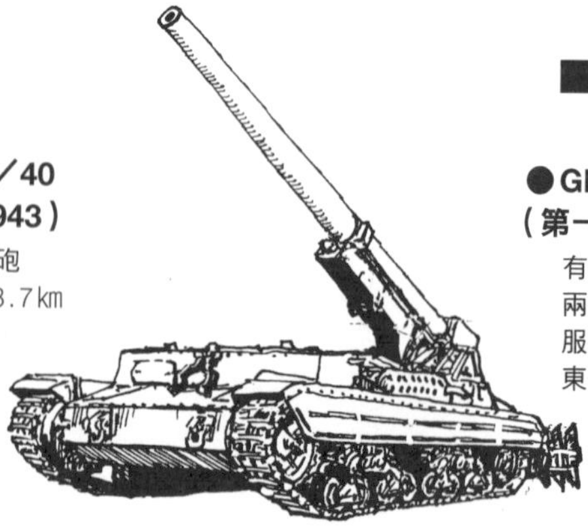

■法國

●GPF 194㎜自走加農砲(第一次世界大戰期間)

有194㎜加農砲與280㎜榴彈砲兩型，第二次世界大戰時也大量服役。德軍則將擄獲到的使用於東部戰線

雖然搭載了電動馬達，但無法自行驅動行駛，得與彈藥運輸車連結獲取電力，以時速8㎞移動

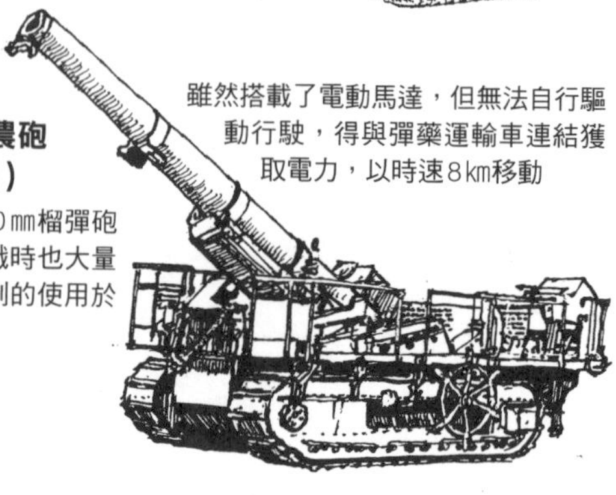

■美國

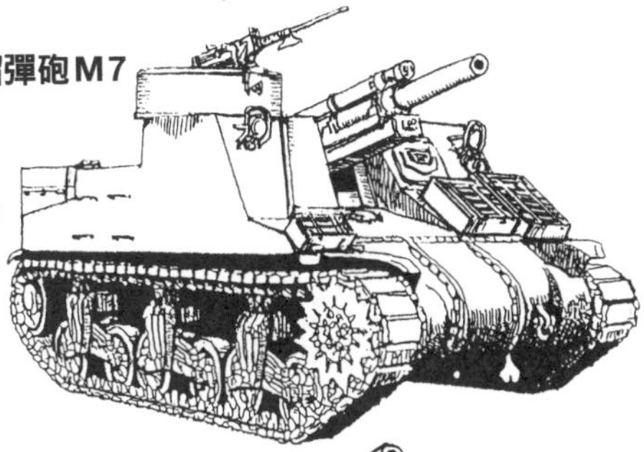

●105㎜自走榴彈砲M7「牧師」(1942)

使用M3中戰車的底盤
機械化野戰砲兵部隊的主要裝備，
生產了826輛，
英軍也有使用。
最大射程10.4㎞

●155㎜自走砲M12(1942)

由於自走砲是將火砲裝在車身上，仰角因此受到限制，產生了射程沒有原本遠的問題

搭載第一次世界大戰時向法國採購的火砲
射程17㎞

●M40自走砲(1944)

被視為M12的後繼型所開發，M40為155㎜加農砲型，另外也有搭載203㎜榴彈砲的M43自走砲，好不容易在第二次世界大戰尾聲趕上參與實戰
射程23.5㎞

●T92自走砲「金剛」

為對日作戰所打造美軍最大的自走砲

搭載240㎜榴彈砲車種：T92
搭載8吋加農砲車種：T93

■英國

●25磅自走砲「主教」(1941)

見識到德軍的自走砲後所開發，
是用瓦倫丁戰車的底盤
搭載25磅砲。
最大射程5.825㎞，
被認為在實戰中威力不足

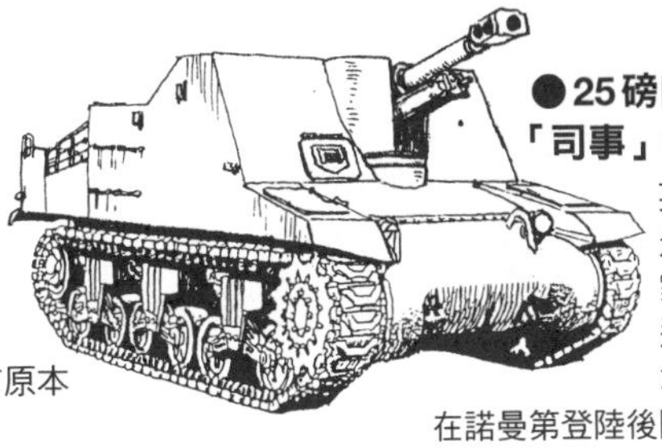

●25磅自走砲「司事」(1943)

英軍雖然引進了M7自走砲，但仍希望搭載自家的25磅砲，因此開發這款自走砲，車身為加拿大的白羊戰車。英軍在諾曼第登陸後開始換裝

■日本

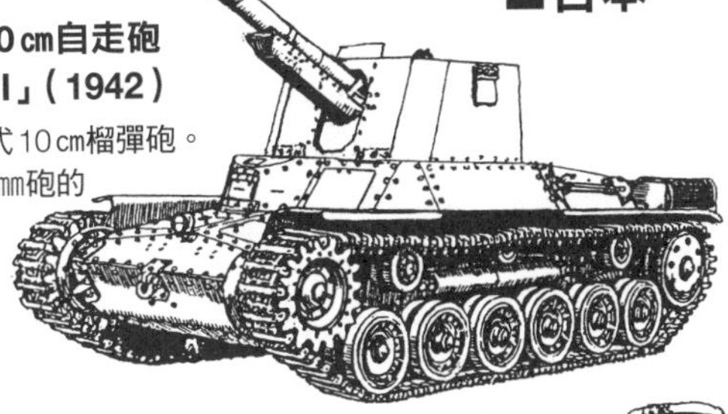

●一式10㎝自走砲「Ho-Ni II」(1942)

搭載九一式10㎝榴彈砲。
為搭載75㎜砲的Ho-Ni I的姐妹車

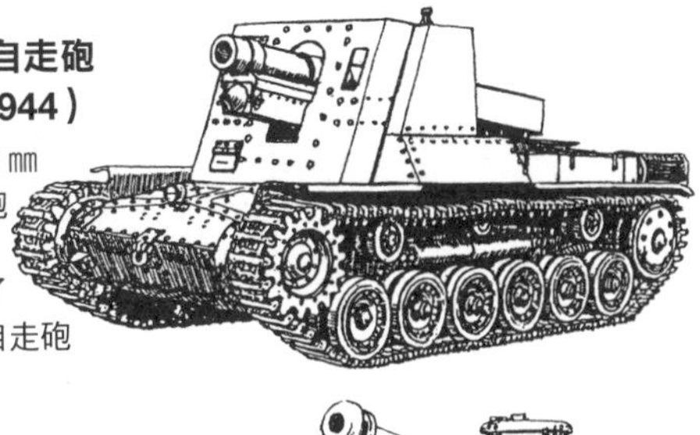

●四式15㎝自走砲「Ho-Ro」(1944)

搭載口徑149.1㎜的三八式榴彈砲
與Ho-Ni I同為日軍少數參與了菲律賓戰役的自走砲

●二式砲戰車「Ho-I」(1942)

旋轉砲塔上裝有75㎜榴彈砲
雖然生產了30輛，
但並未參與實戰

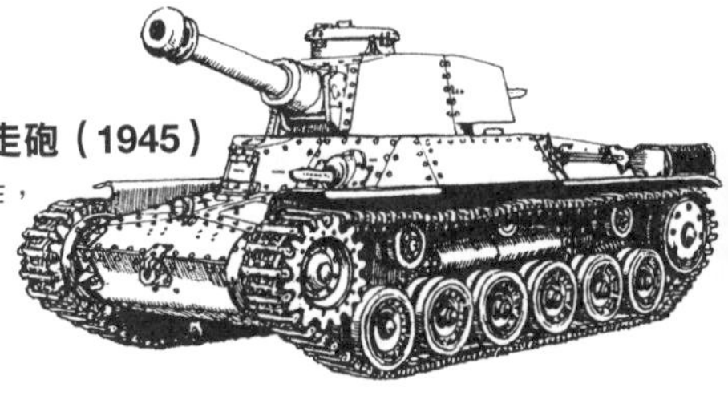

●短12㎝自走砲(1945)

日本海軍所製作，
搭載12㎝砲

■蘇聯

●SU-100Y自走砲（1940）

搭載130㎜艦砲。
為投入芬蘭戰爭
製造了1輛

●SU-14-Br-2自走砲（1935）

152㎜加農砲

以上2型雖然都只是試作，
但曾在1941年秋天的莫斯科戰役使用

●SU-76（1942）

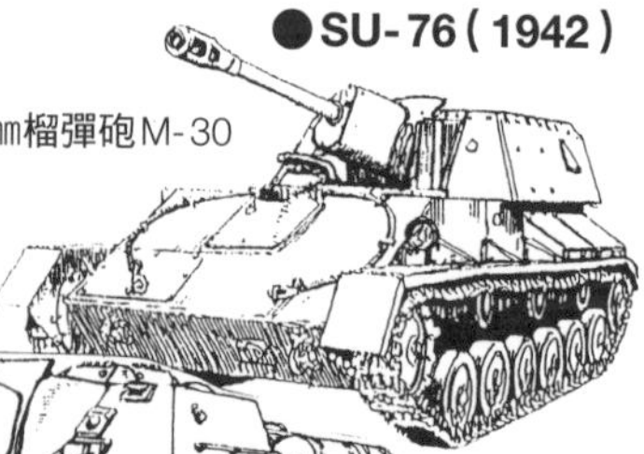
76.2㎜榴彈砲M-30

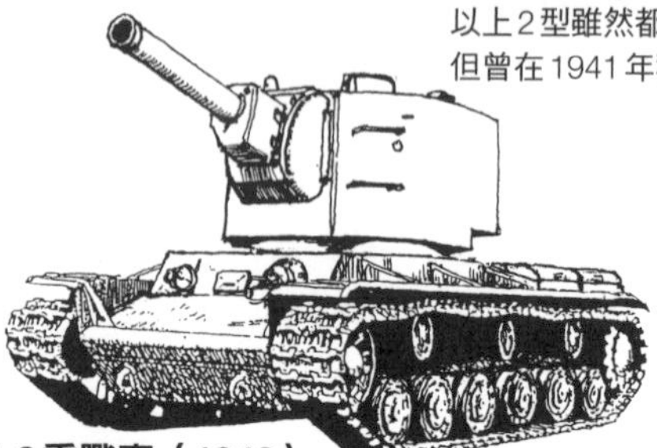

●KV-2重戰車（1940）

搭載152㎜榴彈砲ML-10
為具有旋轉砲塔的砲兵戰車，也可以視為自走砲

●SU-122（1942）

122㎜榴 砲M-30

●JSU-152自走砲（1943）

搭載152㎜榴彈砲ML-20

●S-51自走砲（1943）

用KV-IS的車身裝載
203㎜榴彈砲B-4所打造成
的自走砲。
僅試作

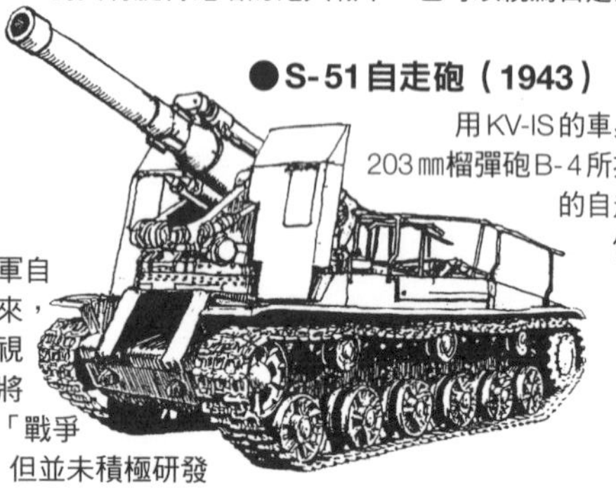

雖然紅軍自
建軍以來，
十分重視
砲兵，將
其稱為「戰爭
之神」，但並未積極研發
自走砲

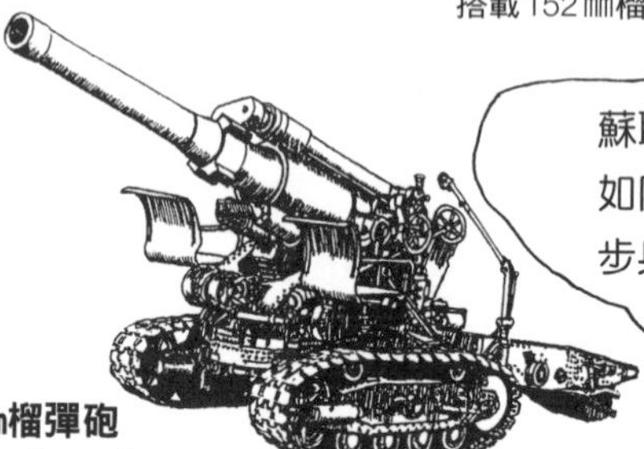

●203㎜榴彈砲 M1931（B-4）

看起來像是可以自行移動，但其實只具備履帶砲
架，並沒有動力。這一點與卡爾臼砲大不相同

蘇聯使用自走砲的方式
如同突擊砲，用於支援
步兵、反戰車。

■德國的特殊戰鬥車輛

●卡爾臼砲（1940）

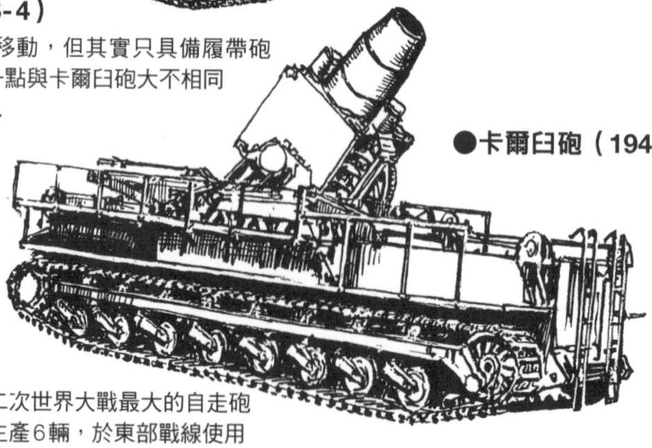

第二次世界大戰最大的自走砲
共生產6輛，於東部戰線使用
搭載口徑60㎝的臼砲，最高能以10㎞／h的速度進攻陣地
最大射程6,800m
另外還製造了3門口徑54㎝的長砲身型，將射程拉到10㎞
但因總重量來到124噸之多，無法長距離移動
必須以火車載運

德國也在1943年開發了被稱作
「蝗蟲」的武器載運車

●蝗蟲
10.5㎝輕野戰榴彈砲
克虜伯公司開發型

因10.5㎝輕野戰
榴彈砲的自走
化計畫而誕生，
但由於「黃蜂」表現
出色，所以失去了其必要性

可拆下砲塔當作碉堡使用

可以多牽引一座砲塔

拆裝砲塔用的起重機
也可以用來支援其他車輛

●蝗蟲
萊茵金屬開發型

第二次世界大戰之後的 自走砲

■日本

●74式自走105㎜榴彈砲（1974）

30倍徑105㎜砲（43發）
射程14,458m
可浮航

日本第一款國產自走砲
被認為威力不足
生產20輛

●75式自走155㎜榴彈砲（1975）

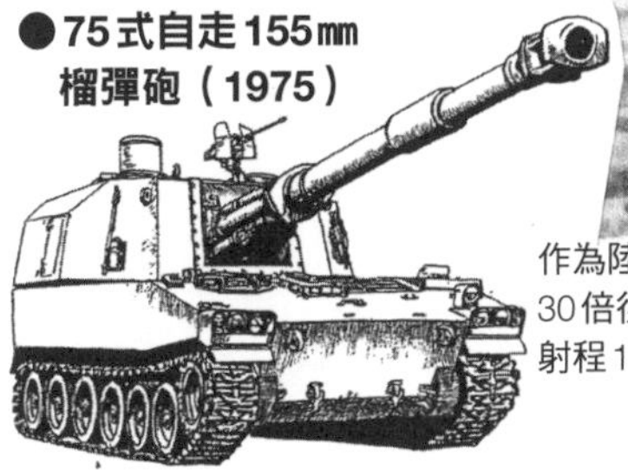

作為陸上自衛隊主力所開發
30倍徑155㎜砲（28發）
射程19,064m

●99式自走155㎜榴彈砲（1999）

75式的後繼，具世界級
水準的自走砲
國產52倍徑
155㎜砲（18發）
射程30,000m

●M52A1 105㎜自走榴彈砲（1966）

自美軍購入
口徑105㎜

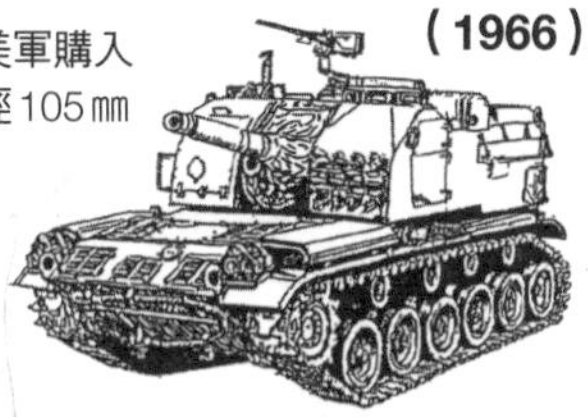

●M44 155㎜自走榴彈砲（1965）

口徑155㎜

M109已在美軍服役

各國在二戰後針對自走砲進行了專用車身的開發、密閉式砲塔、射程的延伸、提升發射速度等改良，砲兵的自走化成了必然趨勢。

●203㎜自走榴彈砲（1983）

美軍的M110A2的國產化版本
（砲身與引擎為進口）

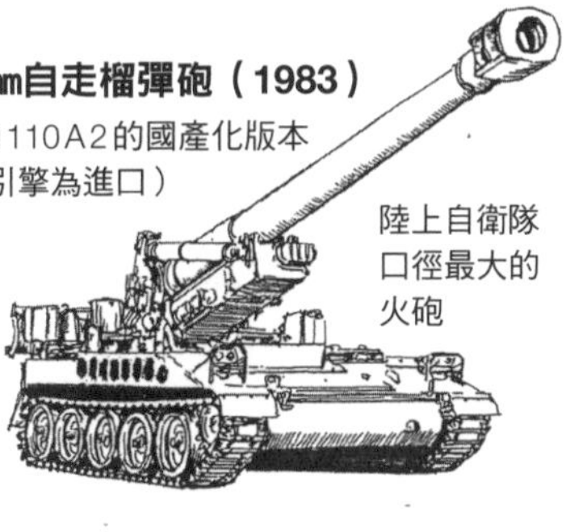

陸上自衛隊
口徑最大的
火砲

■美國

●M109(1963)

與M108同時開發，
車身、砲塔也共用
射程14,600m

20倍徑
155㎜砲
(28發)

●M108(1963)

105㎜砲(87發)
射程11,500m
雖然被當作M52的後繼款採用為制式裝備，
但美國陸軍在該年決定
以155㎜砲作為主力，
因此僅少量生產便告終

●M52(1951)

24倍徑105㎜砲(102發)

密閉式
有限旋轉砲塔

以M41輕戰車的
底盤為基礎，
與M44
一同開發
最大射程
11,270m

●M109A1(1970)

砲身長33倍徑
射程18,100m
火箭推進榴彈
24,000m
發射速度每分鐘3發

●M109G

西德型

●M44(1952)

19倍徑155㎜砲
(24發)
最大射程
14,600m

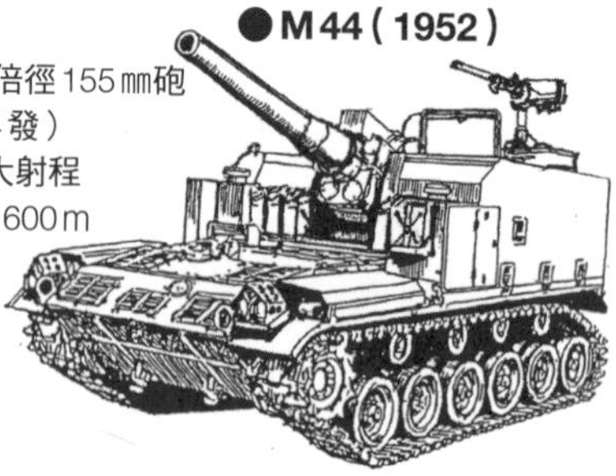

●M109A2(1976)

修改套件增加了
22發砲彈攜帶量

發射速度提升為每分鐘4發

●M109AL

以色列型

●M53／●M55(1952)

M53　155㎜砲：最大射程23,500m
M55　203㎜砲(10發)：最大射程16,800m
搭載不同火砲的同一車種

●PzH74

瑞士型
發射速度6發／分

●M992 FAASV(1983)

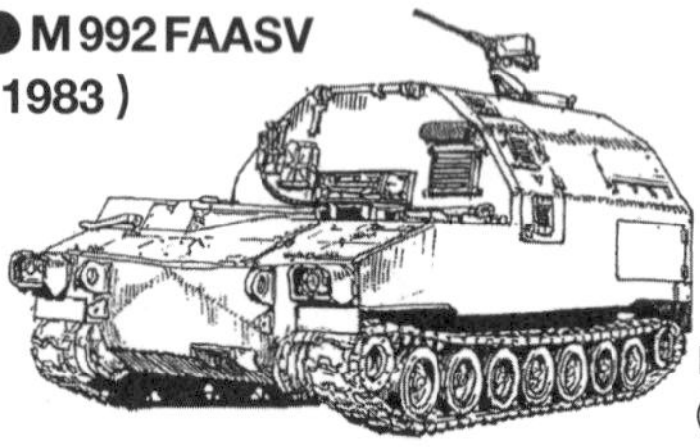

M109用彈藥補給車
(100發)

●M107(1961)

與M110同時開發，
以取代上面幾款已老舊的自走砲

175㎜砲(2發)
射程32,700m

雖然擁有傲人的射程，
但據說代價是砲身
僅有發射300發的
壽命

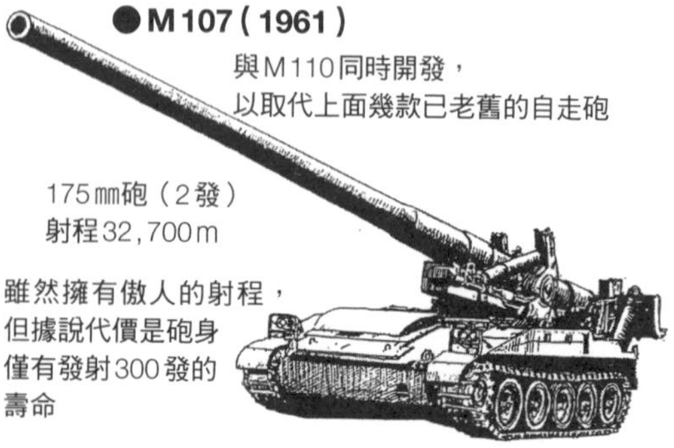

●M109A6帕拉丁(1990)

使採用M109的國家達20國的暢銷款自走砲

搭載39倍徑的長砲身
射程30,000m

由於M109是美國陸軍的
砲兵主力裝備，因此成為民主陣營各國的標準自走砲，
目前也仍於第一線服役

●M110(1961)

25倍徑203㎜砲(2發)
射程16,800m

射程雖短，
但威力較155㎜砲加倍

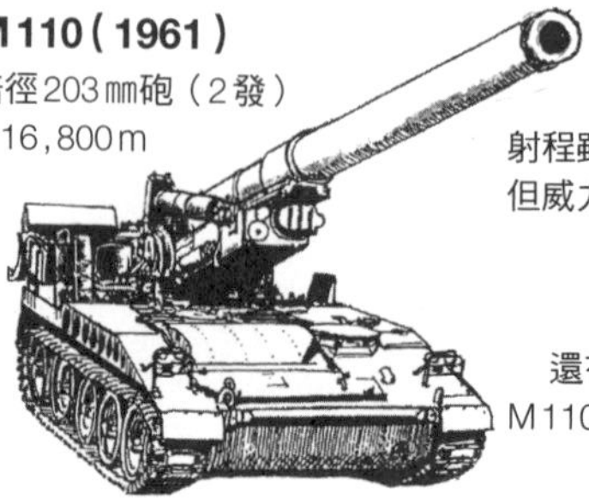

除了美國之外，
還有5個國家使用M107
M110因為威力受到青睞，
有13個國家使用

■英國

●艾伯特（1963）

105㎜砲（40發）
射程17,000m

與FV403APC
共用零件進行開發

具備水上
浮航能力

英國第一款自走砲，但105㎜砲被認為威力不足，
因而採購M109

●AS90（1989）

155㎜砲（48發）
射程24,700m
作為M109的後繼所開發

●SP70（1979）

155㎜砲

德國、英國、義大利
共同開發的自走砲
因成本過高等問題，
最終未獲採用

■法國

●Mk61（1958）

30倍徑105㎜砲（56發）
射程15,000m

●MkF3（1958）

射程20,000m

車身體積小，
無法搭載砲彈

兩款皆使用
AMX-13的底盤

●GCT AUF1
（1977）

155㎜砲（42發）
射程21,200m
火箭推進榴彈：32,000m
發射速度8發／分

■瑞典

●Bandkanon 1A
（1961）

50倍徑
155㎜砲（14發）
射程25,600m

憑藉獨創的裝填系統，
僅需48秒就能全數
發射完14發砲彈
在60年代是劃時代的
自走砲，
但在運用上
缺乏彈性

■義大利

●Palmaria（1982）

可說是義大利版的M109，
基礎為OF40戰車
41倍徑155㎜砲（30發）
射程24,700m
發射速度4～9發／分

■德國

●Pz2000（1996）

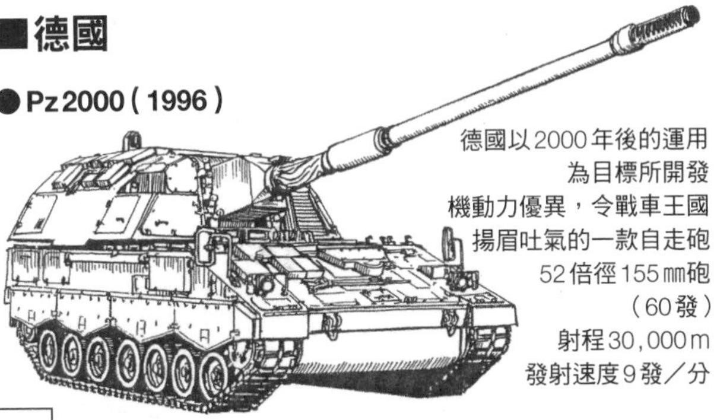

德國以2000年後的運用
為目標所開發
機動力優異，令戰車王國
揚眉吐氣的一款自走砲
52倍徑155㎜砲
（60發）
射程30,000m
發射速度9發／分

長期使用M109自走砲的民主陣營各國也開始紛紛著手研發國產的自走砲

■韓國

●K9（1998）

52倍徑155㎜砲（48發）
射程30,000m
發射速度6發／分

■以色列

製作在後備車輛上搭載榴彈砲的改造自走砲
車身基礎為M4雪曼

●Soltam L33
（1967）

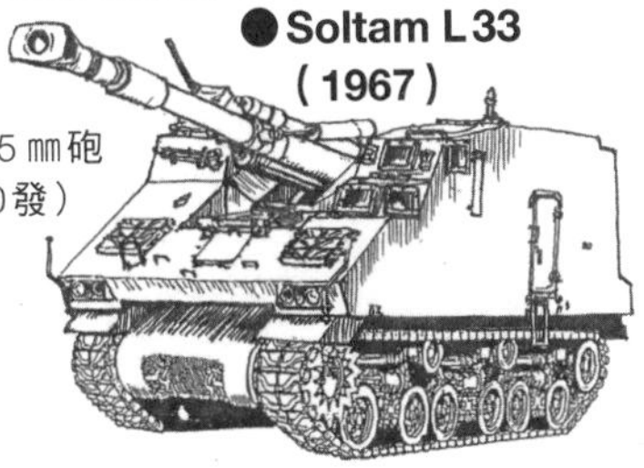

155㎜砲
（60發）

●m50（1963）

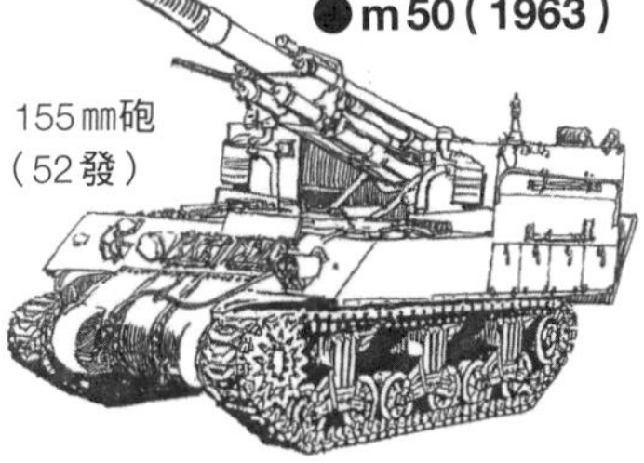

155㎜砲
（52發）

■蘇聯／俄羅斯

●**2S1「康乃馨」（1971）**

122㎜砲（40發）
射程15,200m
蘇聯第一款
正統自走砲。
與作為基礎的
MT-LB同樣
具備浮航能力

●**2S3M「金合歡」（1971）**

152㎜砲（46發）
與2S1同時獲得
採用，為砲兵部
隊的主力自走
榴彈砲

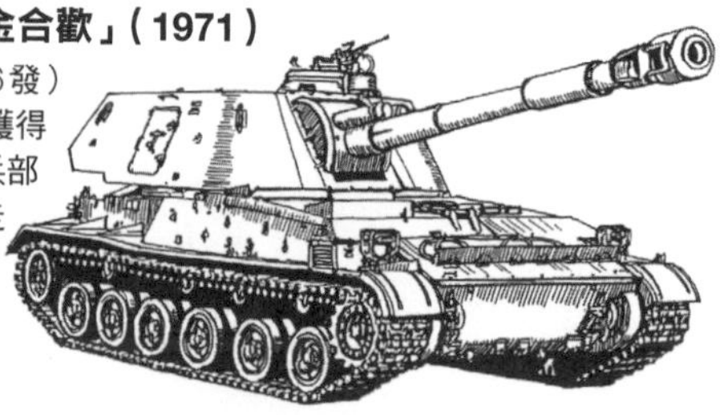

●**2S5「風信子」（1974）**

152㎜砲（30發）
長射程的自走加農砲
射程28,500m
火箭推進榴彈：
37,000m

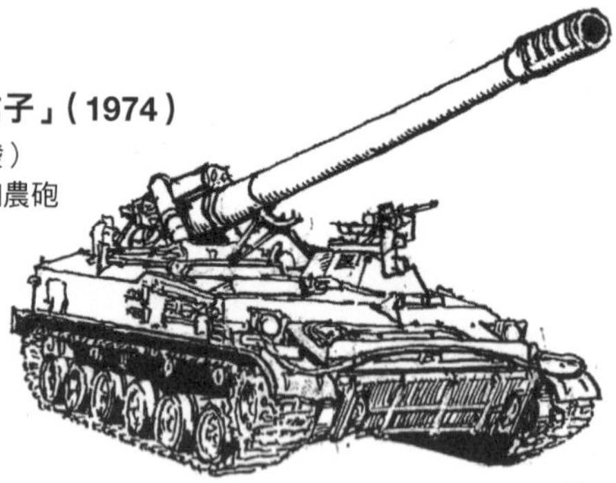

●**2S19「MSTA-S」（1985）**

152㎜砲（50發）
於蘇聯末期登場，
為俄羅斯目前的
主力自走砲
射程24,700m
火箭推進榴彈：
28,900m

發射速度7～8發／分

●**2S7「牡丹花」（1975）**

203㎜砲（44發）
擁有現役自走加農砲最遠射程，
達37,000m（火箭推進榴彈：55,000m）

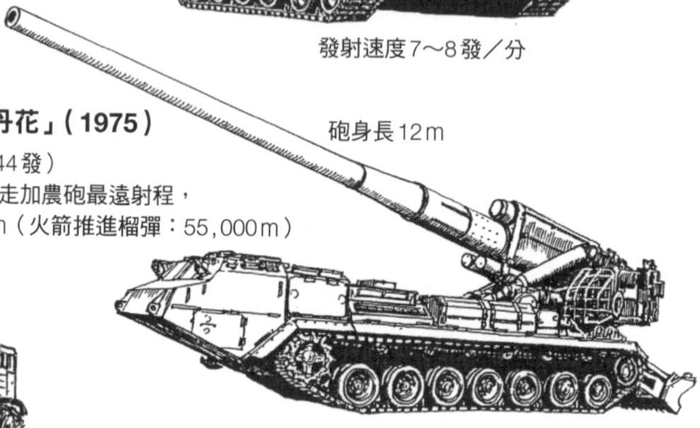

砲身長12m

●**2P自走砲（1957）**

406㎜加農砲SM-54
出於蘇聯的核子砲計畫所完成
核砲彈的射程約28,000m
使用了JS重戰車的履帶、底盤
因飛毛腿飛彈等武器的發展，
很快便步入了歷史

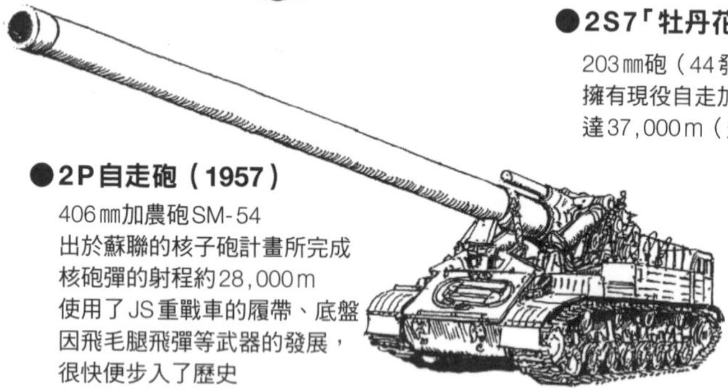

■中國

●**PLZ45（1997）**

155㎜砲（30發）

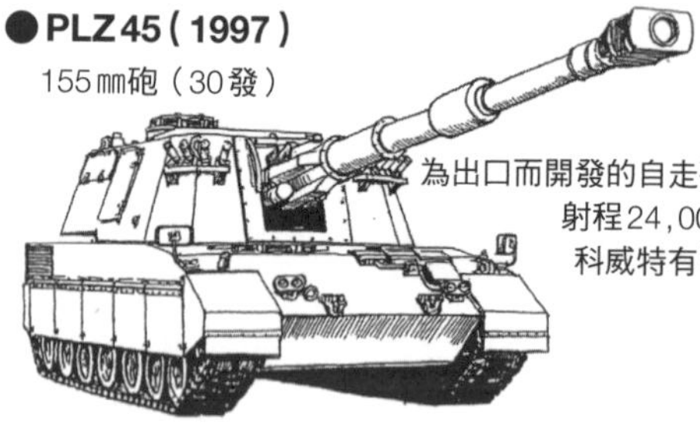

為出口而開發的自走砲，
射程24,000m
科威特有引進

●**54-1式（1965）**

122㎜砲（40發）
射程11,800m
中國第一款
自走砲
基礎為
531型APC

●**PLZ05（2005）**

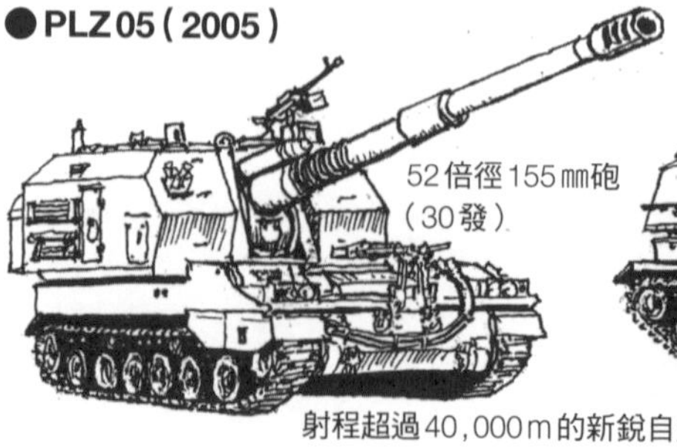

52倍徑155㎜砲
（30發）

射程超過40,000m的新銳自走砲

●**83式（1983）**

19倍徑152㎜砲
（30發）

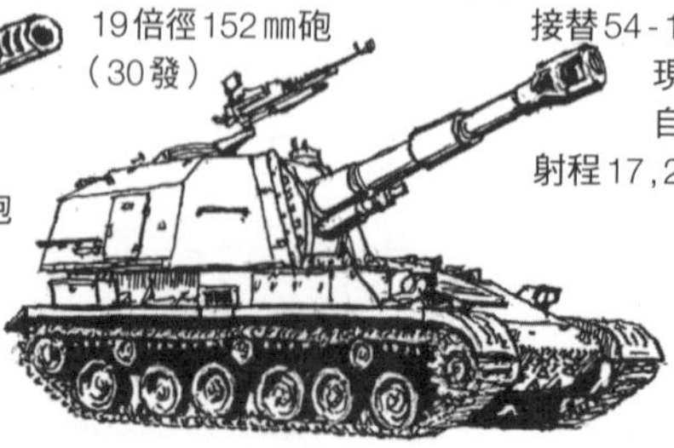

接替54-1式的
現代化
自走砲
射程17,230m

■北韓

有各種用裝甲車輛搭載火砲打造成的自走砲

●**SPG（1977）**

122㎜砲

車身為國產APC（※）

●**M1978（1978）**

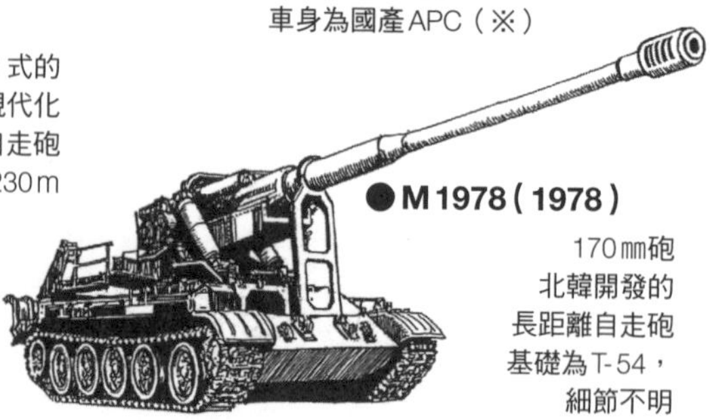

170㎜砲
北韓開發的
長距離自走砲
基礎為T-54，
細節不明

※APC＝裝甲運兵車

反戰車自走砲

自走砲之中，專門以擊破對方戰車為目的者，被歸類為「反戰車自走砲」。反戰車自走砲搭載了本國的戰車砲，或是威力更大的高射砲等改裝而成的火砲，等待敵方戰車送上門來。

■反戰車自走砲

搭載了火砲，且自身有動力可以行駛的車輛就叫作自走砲。

其中，搭載反戰車砲，專門攻擊敵方戰車的稱為反戰車自走砲。

自走砲形式的車輛沒有砲塔，主砲安裝在以薄裝甲板包覆的戰鬥室，稱得上戰車的部分只有底盤。

拜這種結構之賜，自走砲能夠配備比戰車更大的主砲。

不過，有能力大量生產強大的主力戰車，並編裝至部隊的美國及蘇聯雖然曾試作反戰車自走砲，但並未制式化。結果是主力戰車不足的德國陸續開發出了這類自走砲，並進而發展成驅逐戰車。

由於前線要求
「趕快給我們
可以對付T-34
的武器！」
因此有了這種
應急的反戰車武器。

■德國

在舊型戰車上搭載強力的反戰車砲，
打造出了坦克殺手！

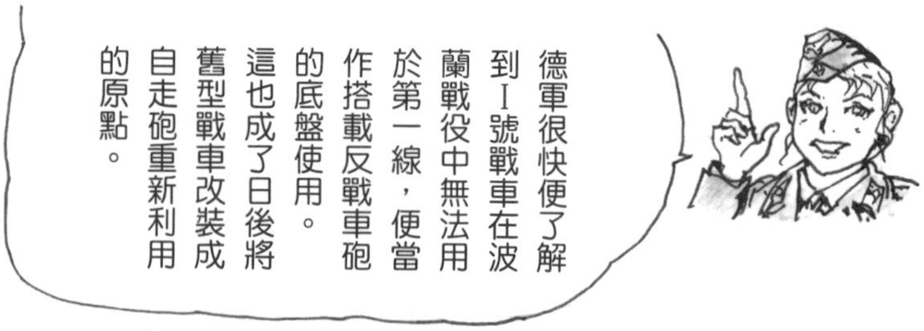
德軍很快便了解到I號戰車在波蘭戰役中無法用於第一線，便當作搭載反戰車砲的底盤使用。
這也成了日後將舊型戰車改裝成自走砲重新利用的原點。

※自蘇聯擄獲的7.62cm野砲是德軍當時最強力的反戰車砲。

●I號搭載4.7cm PaK（t）（1940）

搭載的捷克製反戰車砲
較德軍的3.7cm PaK
威力更強

●4.7cm PaK（t）雷諾R35（1941）

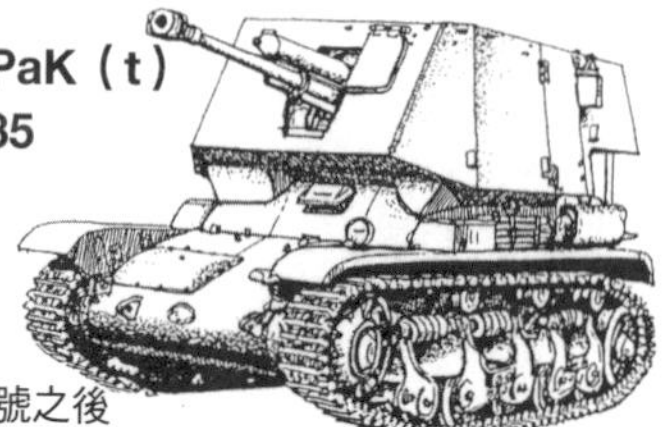

繼I號之後
的第2款反戰車自走砲

●布倫機槍運輸車搭載3.7cm PaK

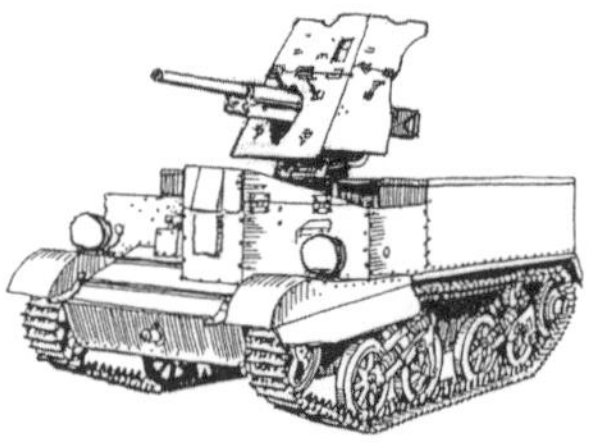

●7.62cmII號「黃鼠狼II」（1941）

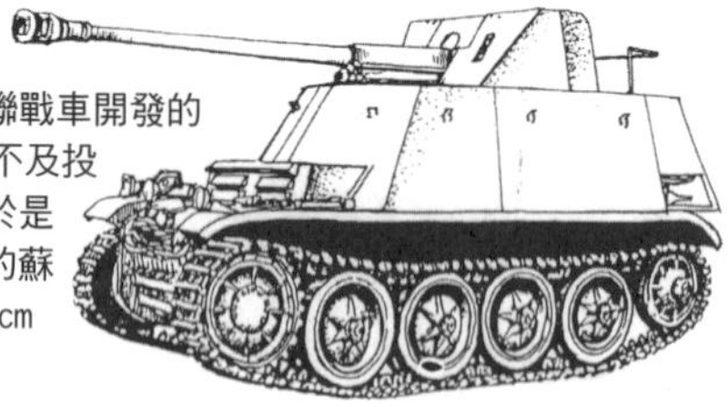

為對抗蘇聯戰車開發的
PaK40趕不及投
入戰場，於是
搭載擄獲的蘇
聯軍7.62cm
野砲

●7.5cmII號「黃鼠狼II」（1942）

搭載新型的7.5cmPaK40
II號戰車的底盤幾乎都改造成了
這款反戰車自走砲

●7.62cm38（t）「黃鼠狼III」（1941）

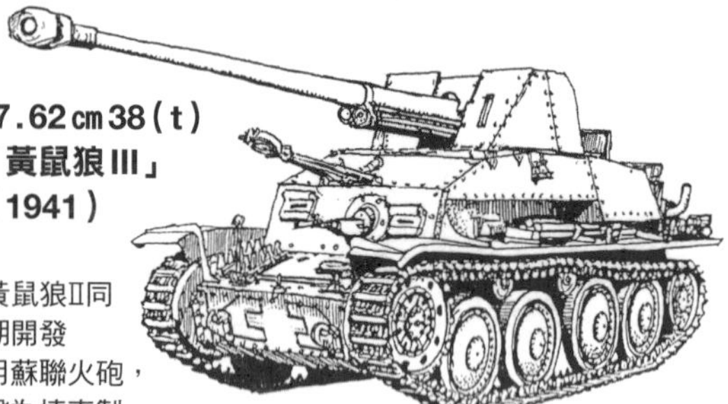

與黃鼠狼II同
時期開發
使用蘇聯火砲，
底盤為捷克製

●II號搭載5cm PaK（1942）

就地改造的自走砲
非制式車種

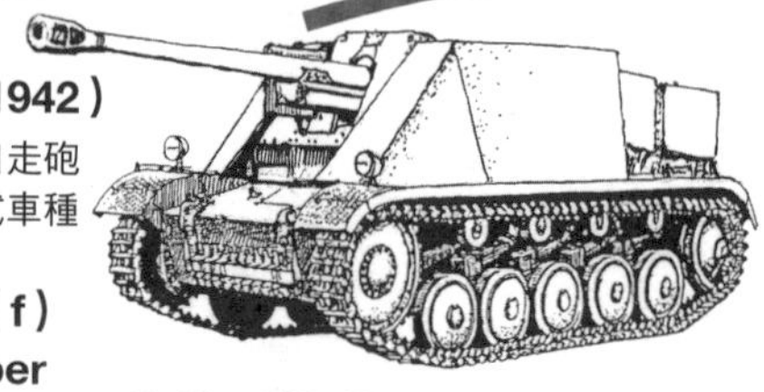

●4.7cm PaK（f）Lorraine Schlepper（1942）

◎使用擄獲戰車改造的車種

德軍因戰車不足，於是自投降的法國繳獲的戰車就成了自走砲的底盤。
這些主要為駐守法國的部隊使用，並於諾曼第戰役與英美軍交火

●7.5cm38（t）黃鼠狼III H（1942）

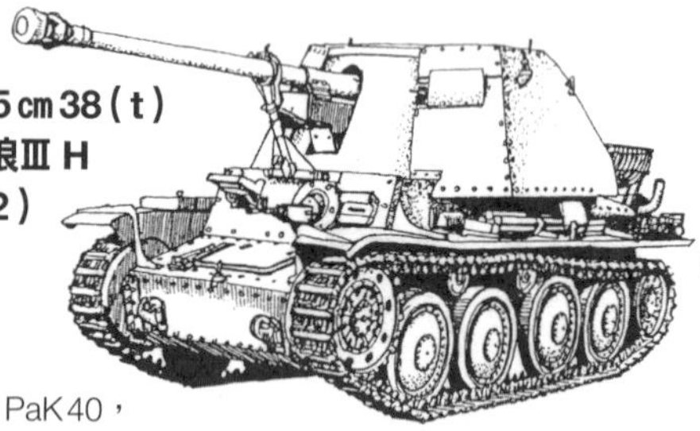

搭載了PaK40，
戰鬥室也經過改造的實用款反戰車自走砲
於所有戰線使用

●7.5cmPaK40 Lorraine Schlepper（1942）

●7.5cmPaK40 Hotchkiss H39（1942）

●7.5cm38（t）黃鼠狼III M（1943）

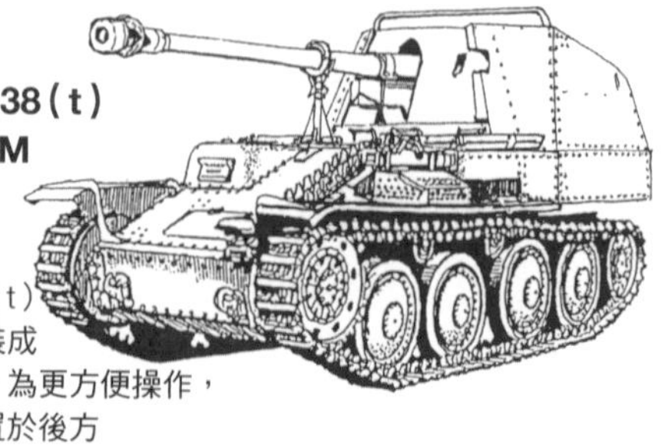

所有的38（t）
戰車皆改裝成
為自走砲，為更方便操作，
戰鬥室配置於後方

●7.5cmR50（1943）

●7.5cmPaK40 雷諾FCM（1943）

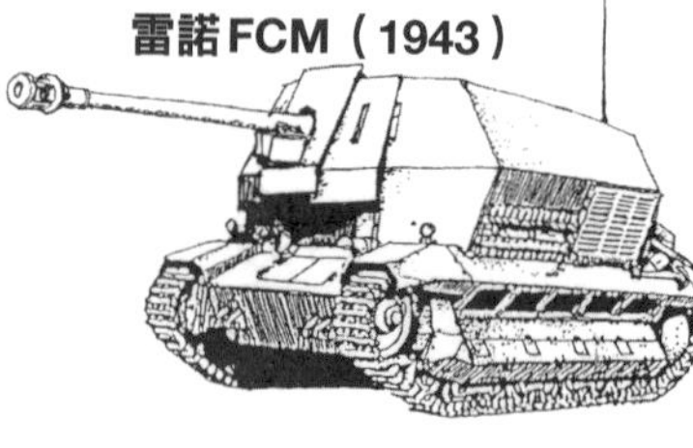

黃鼠狼系列之後的PaK40自走砲

■蘇聯

與因為戰車不足而開發出反戰車自走砲的德國不同，由於蘇聯專注在戰車的量產（T-34）上，所以沒生產太多自走砲。

●B1重型戰車

裝甲60㎜
德軍最先遭遇到的重戰車

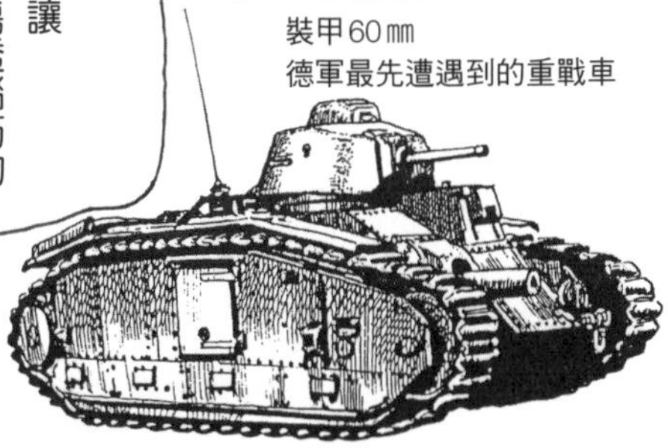

●SU-76自走砲（1942）

在T-70輕戰車的底盤上搭載7.62㎝野砲
這款火砲作為反戰車砲也表現出色，在反戰車戰十分活躍

●SU-37自走砲（1935）

以T-37浮航戰車為基礎，搭載4.5㎝反戰車砲
SU-37無浮航能力，也未獲採用

●步兵戰車瑪蒂達II（1937）

裝甲78～13㎜

初期配備的3.7㎝反戰車砲不足以應付來自正面的攻擊

●ZIS-30自走砲（1941）

在T-20共青團裝甲履帶牽引車上搭載5.7㎝反戰車砲
生產了102輛投入莫斯科戰役

●KV-1重戰車（1940）

裝甲120～90㎜
裝甲厚重，8.8㎝砲以外的火砲難以擊破

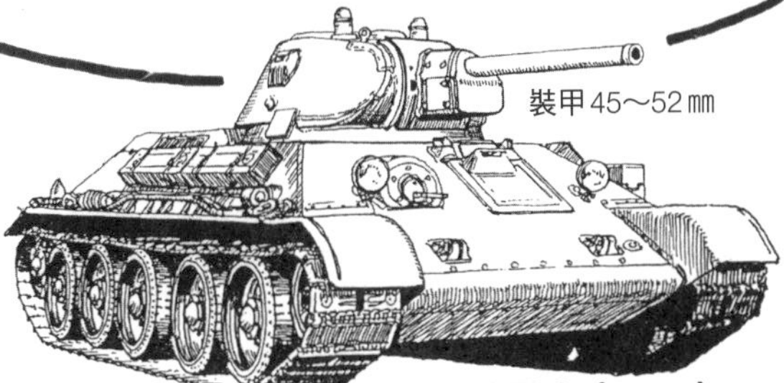

裝甲45～52㎜

●T-34中戰車（1941）

蘇聯戰車在德蘇的首場戰役中全數彈開了德軍的反戰車砲火，在戰場上盡情肆虐
尤其T-34因機動性佳，更成了德軍的天敵

■迎擊蘇聯戰車的德軍重反戰車自走砲

●搭載8.8㎝PaK「犀牛」（1943）

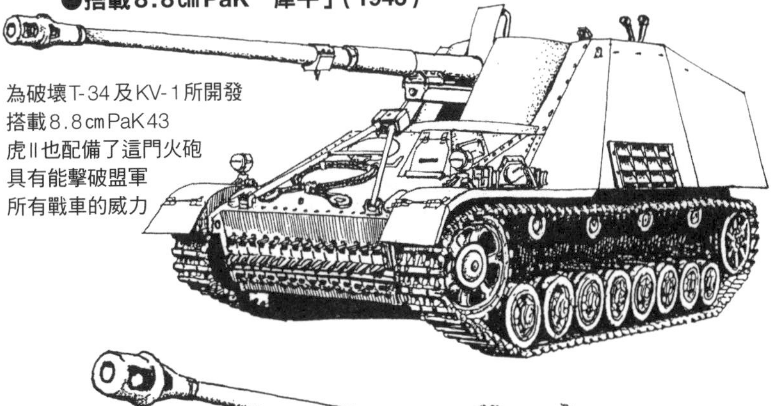

為破壞T-34及KV-1所開發
搭載8.8㎝PaK43
虎II也配備了這門火砲
具有能擊破盟軍所有戰車的威力

●10.5㎝IV號反戰車自走砲（1941）

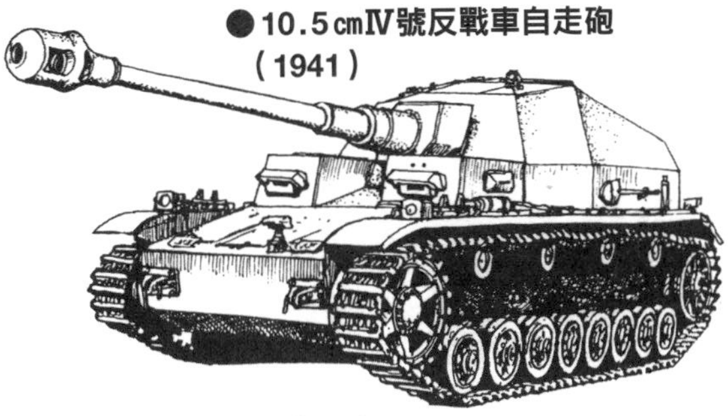

起初為攻擊要塞生產了2輛，
德蘇開戰後轉為反戰車用投入實戰

●12.8㎝VK3001（H）反戰車自走砲（1942）

使用虎I的試作底盤
搭載高射砲改造的大口徑砲
製造了2輛
於庫斯克會戰使用

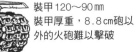

■英國

第二次世界大戰的英國戰車由於主砲威力不足，
面對德國戰車只能一路挨打，
於是英國開發出了大口徑的17磅砲（76.2㎜），
但沒有戰車能夠搭載，
只得轉而打造射手反戰車自走砲。

●射手反戰車自走砲（1943）

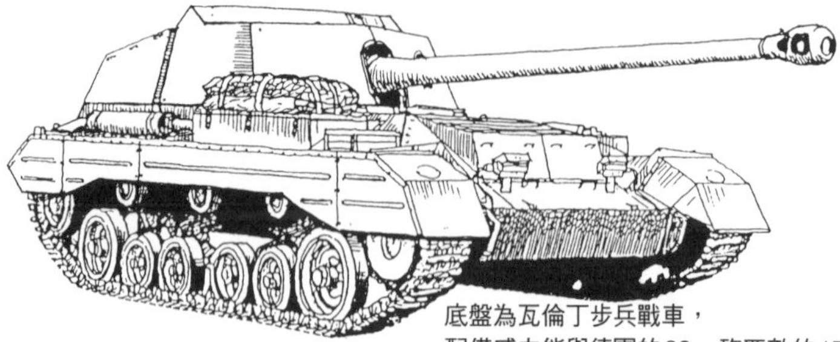

底盤為瓦倫丁步兵戰車，
配備威力能與德軍的88㎜砲匹敵的17磅砲

為了安裝大型火砲
只能讓砲口朝後
朝與行進方向相反的方向射擊

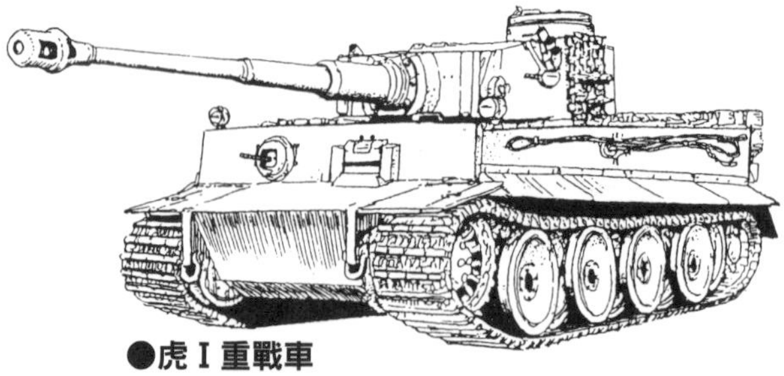

●虎Ⅰ重戰車

盟軍（尤其是英軍）沒有能與之抗衡的戰車

●洛伊德運輸車（1942）

搭載2磅砲的反戰車自走砲
2磅砲在當時被認為已經派
不上用場，因此僅試作

●Gallia Swiss Gun

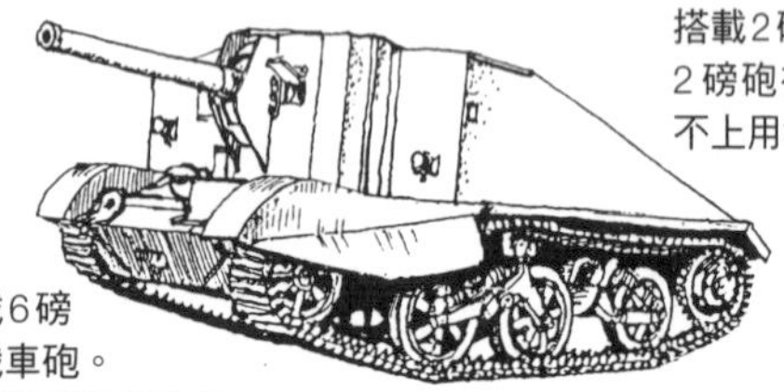

搭載6磅
反戰車砲。
同樣僅試作便告終

■義大利

●Semovente L40 47／32（1941）

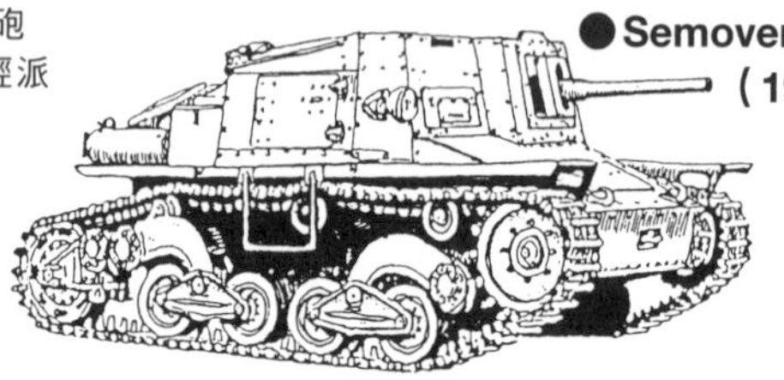

於L40輕戰車安裝
47㎜反戰車砲
在北非等地使用，
但威力不足以應付
英、美的戰車

義大利、日本皆將戰車視為
步兵支援車輛，沒有能進行
反戰車戰鬥的戰車。

●Semovente M41 Mda 90／53（1942）

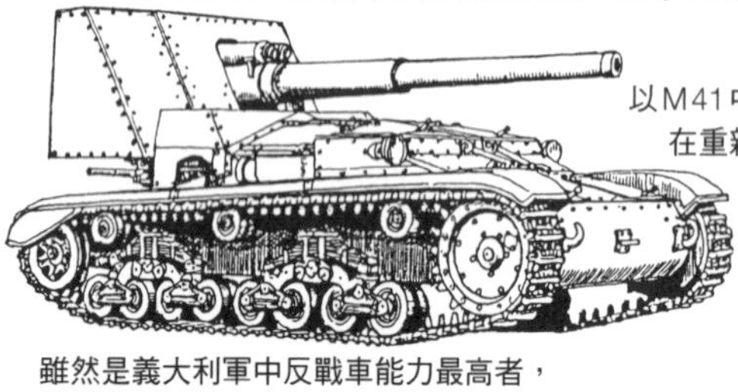

以M41中戰車為基礎，
在重新設計的底盤上
搭載了90㎜砲

雖然是義大利軍中反戰車能力最高者，
但僅生產30輛，未能有出色的表現

●M4雪曼中戰車

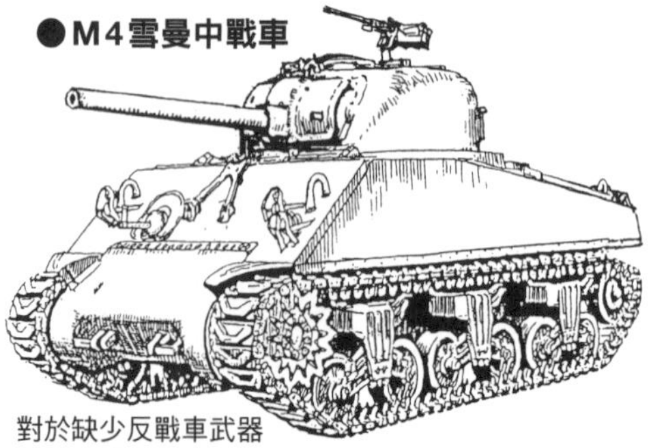

對於缺少反戰車武器
的義大利、日本而言是強大的敵人

■日本

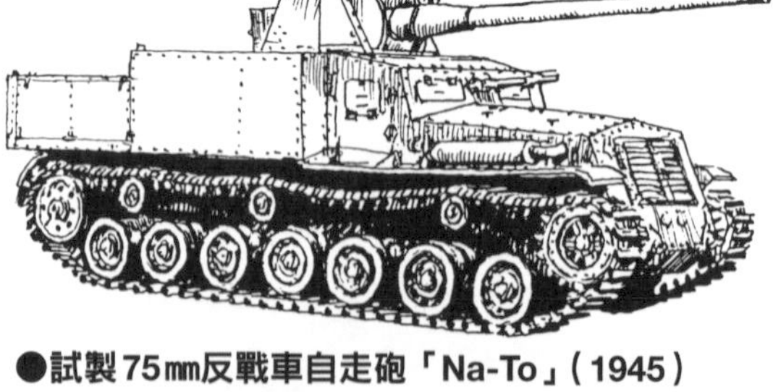

●試製75㎜反戰車自走砲「Na-To」（1945）

搭載高射砲改良而來，能正面擊破M4的反戰車砲
僅試作2輛二戰便宣告結束

●一式砲戰車「Ni-Ho 1」（1941）

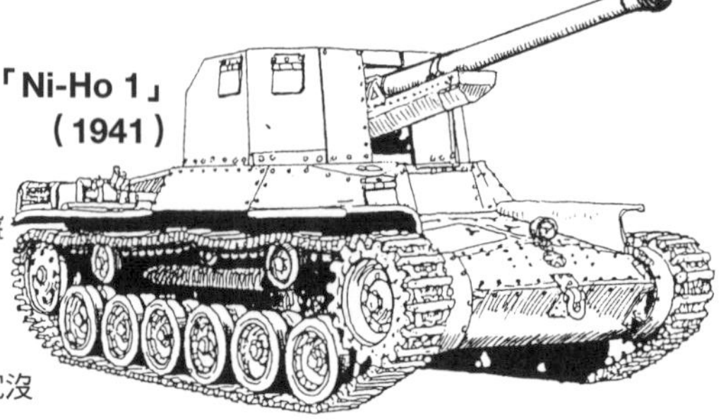

於九七式中戰車的底盤
搭載九〇式75㎜野砲
打算於菲律賓戰役
上陣對付M4
但大多數在登陸前便沉沒
未能有所表現

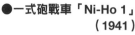

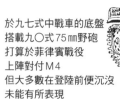

驅逐戰車
坦克殺手登場

驅逐戰車的主要目標便是戰車，而且性能較反戰車自走砲更加提升。

由於配備了強力的戰車砲及具防禦力的戰鬥室，足以擊破試圖反擊的敵方戰車，是不折不扣的坦克殺手。

●SU-152
於庫斯克會戰投入戰場
因擊破虎式及豹式戰車
而有「猛獸殺手」的稱號

「驅逐戰車」可說是反戰車自走砲經過提升後，變得更具攻擊性的一種車輛，主要任務便是攻擊陸上戰鬥的主角——戰車。

德軍的做法是將突擊砲的主砲換成反戰車戰鬥用的長砲身火砲，藉此對抗蘇聯的T-34。

由於收到了成效，戰車不足的德國便大力生產驅逐戰車。

嗯～
驅逐戰車和反戰車自走砲的差別，
應該是驅逐戰車不是敞頂式，
而且戰鬥室具有防禦力吧！

◎Ⅲ號突擊砲（長砲身型）

●F型（1942）

搭載43倍徑75㎜砲

●Ⅳ號突擊砲（1943）
因Ⅲ號突擊砲的工廠遭轟炸
無法生產而打造出來的突擊砲

●G型

換裝為48倍徑75㎜砲

■德國

德國陸續開發出了各種性能較反戰車自走砲
更加提升的驅逐戰車

●獵虎式驅逐戰車（1944）
搭載12.8㎝砲，正面裝甲250㎜的超重驅逐戰車
由於太晚登場又過重，因此沒什麼活躍的表現

●獵豹式驅逐戰車（1944）
德軍的驅逐戰車中，攻、守、
機動性的平衡度最佳的一款

88㎜砲

●象式重驅逐戰車（1943）
德軍第一款正統驅逐戰車
於庫斯克會戰首次上陣
蘇聯軍訝異其防禦力
與強力的主砲
將之指定為最需要
警戒的敵方戰車

◎Ⅳ號驅逐戰車家族（1944）

●ZL型
Ⅳ號戰車的車身
不用太多改造
便能生產出來

●追獵者式驅逐戰車（1944）

車身為捷克的38（t）戰車，
配備75㎜砲
在二戰末期用來代替戰車

●L70型

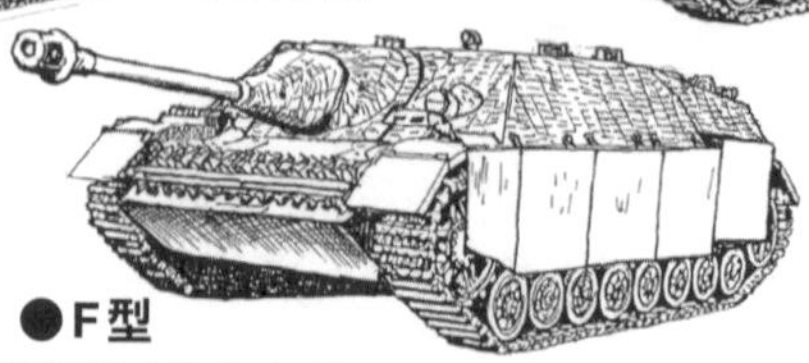

●F型
Ⅳ號驅逐戰車原本應該搭載70倍徑75㎜砲，
但因該火砲生產不足，F型搭載的是48倍徑75㎜砲

■義大利

義大利投降後德軍接手使用了這些戰車

●Semovente
M43 75／46

配備的
75㎜砲雖然
能使用德軍彈藥，但生產太慢，
未於實戰登場

●Semovente
M43
105／25
（1943）

105㎜榴彈砲可勝任反戰車戰

●Semovente
M42
75／34
（1943）

配備反戰車戰鬥用的32倍徑75㎜砲

※美軍擁有大量戰車，也能從空中進行反戰車攻擊，因此不太需要驅逐戰車。

■美國

美軍重視驅逐戰車的機動性，並認為只要在360度旋轉式砲塔上搭載能擊破德軍戰車的火砲即可，因此裝甲不厚

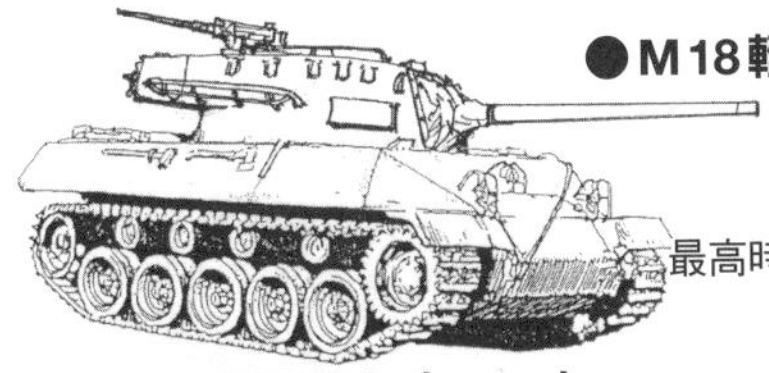

●M18輕驅逐戰車（1943）
配備76㎜砲
最高時速80㎞／h

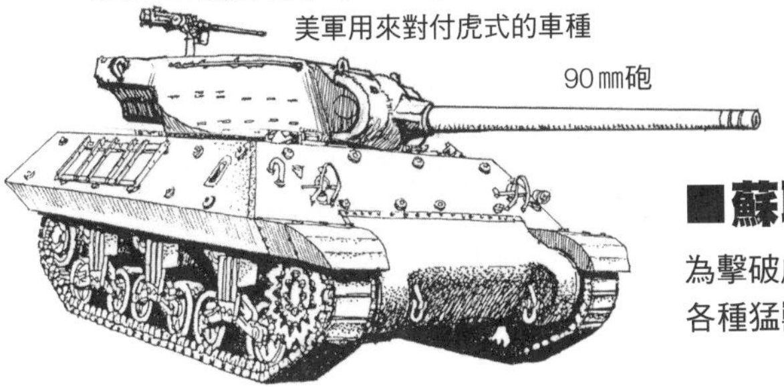

●M36驅逐戰車（1944）
美軍用來對付虎式的車種
90㎜砲

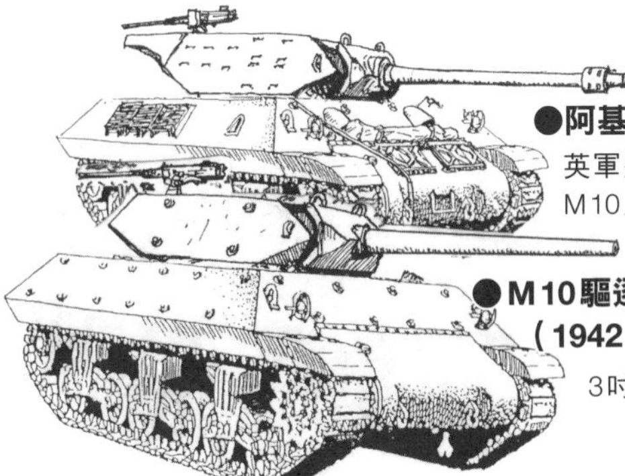

●阿基里斯驅逐戰車
英軍將17磅砲搭載於M10上

●M10驅逐戰車（1942）
3吋砲（76.2㎜）

■蘇聯

為擊破虎式戰車所開發的各種猛獸獵人！

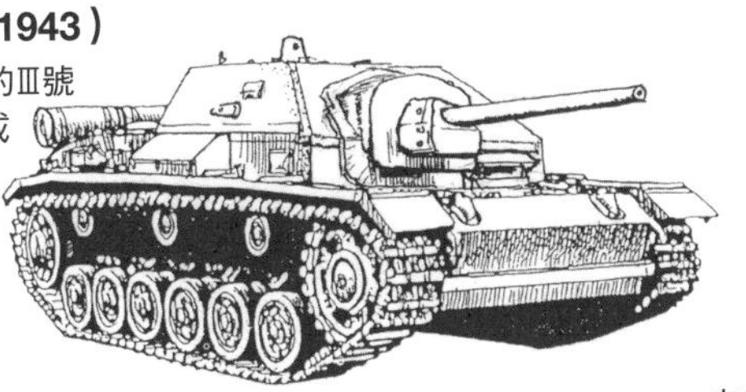

●SU-76（1943）
使用擄獲的Ⅲ號戰車打造成的自走砲

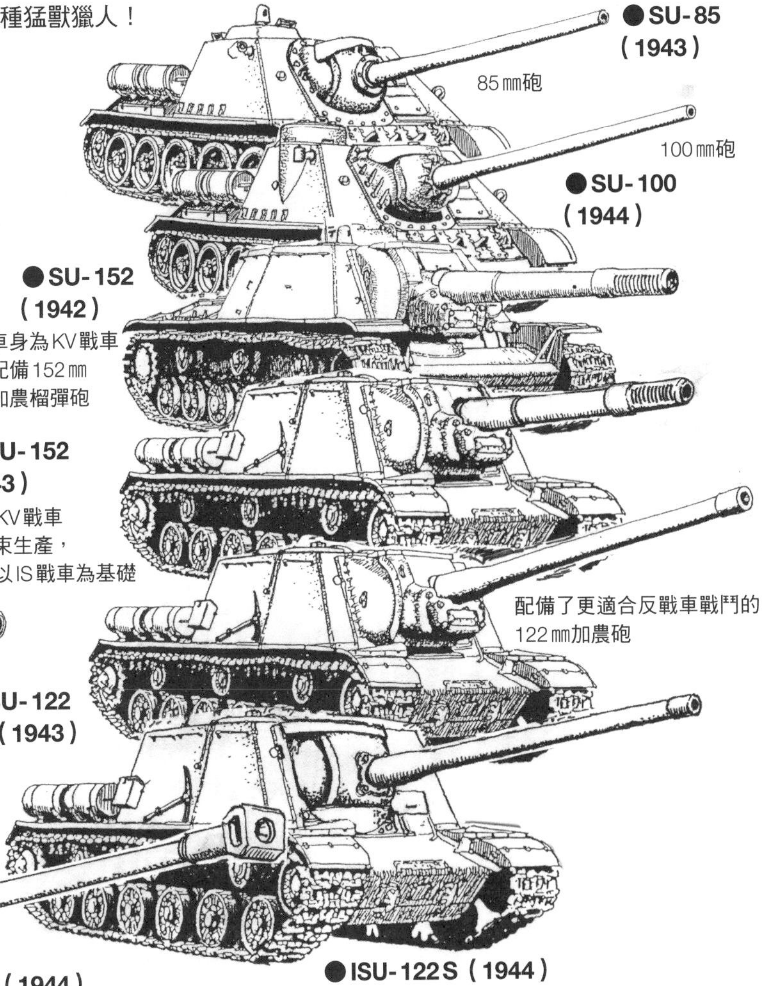

●SU-85（1943）
85㎜砲

●SU-100（1944）
100㎜砲

●SU-152（1942）
車身為KV戰車
配備152㎜加農榴彈砲

●ISU-152（1943）
因KV戰車結束生產，改以IS戰車為基礎

●ISU-122（1943）
配備了更適合反戰車戰鬥的122㎜加農砲

●ISU-122S（1944）
搭載了與JS-2相同的122㎜戰車砲
防盾形狀有所不同
（SU-122視為步兵支援戰車）

◎僅試作便告終的自走砲

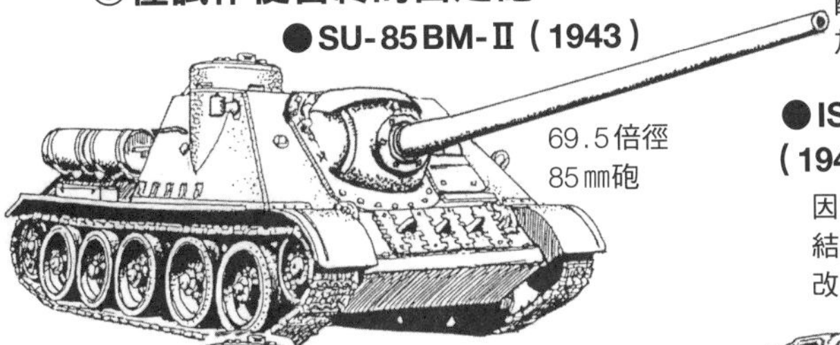

●SU-85BM-Ⅱ（1943）
69.5倍徑
85㎜砲

122㎜戰車砲
●SU-122P（1943）

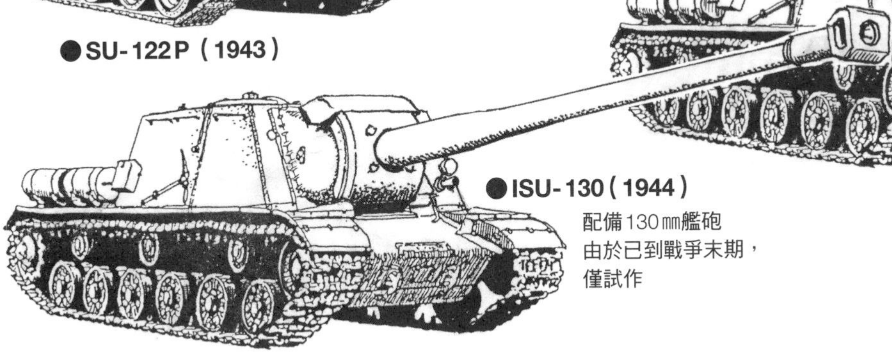

●ISU-130（1944）
配備130㎜艦砲
由於已到戰爭末期，僅試作

戰後的驅逐戰車

驅逐戰車這個稱呼到現在變成了戰車驅逐車。這是因為目前的主流是反戰車飛彈，不再需要用到戰車的底盤。

■蘇聯

●SU-122-54（1954）

於T-54戰車的車身搭載122㎜砲
在此之後，便沒有其他驅逐戰車使用
為了對抗美國的M103及英國的征服者所製作的戰車作為基礎

■西德

●火砲式坦克殲擊車（1965）

搭載90㎜砲

德國在戰後的第一款驅逐戰車
配備反戰車飛彈的款式也於1960年登場

這裡將保護傘兵對抗敵方戰車的空降自走砲，以及反戰車戰鬥的輕戰車同樣視為驅逐戰車。

■瑞典

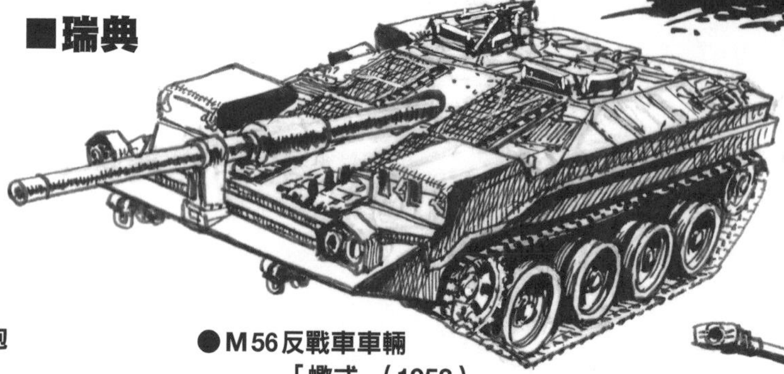

●Strv 103戰車

無砲塔戰車S型戰車
配備62倍徑105㎜砲
怎麼看都像是驅逐戰車

●ASU-57空降自走砲（1951）

57㎜反戰車砲

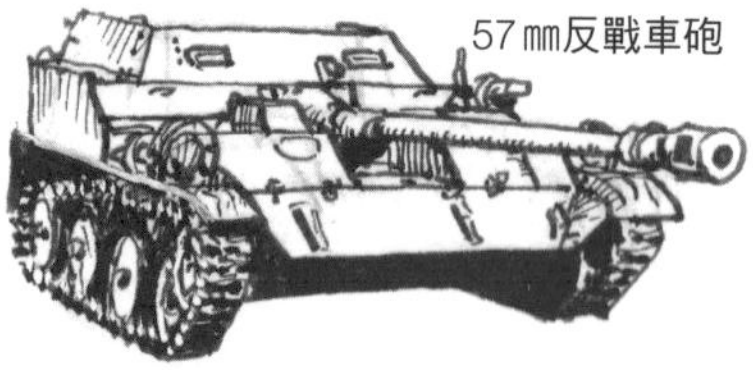

●M56反戰車車輛「蠍式」（1953）

90㎜砲

●AMX-13輕戰車（1952）

搭載61倍徑75㎜砲
可空運的法國輕戰車

●ASU-85空降自走砲（1960）

85㎜反戰車砲

●M551空降戰車（1966）

152㎜兩用砲
可發射反戰車飛彈

●SK105輕戰車

105㎜砲

奧地利開發的驅逐戰車

在步兵用反戰車飛彈實用化以前，106㎜砲這款民主陣營國家最有效的輕型反戰車武器成了反戰車自走砲。

●M50無後座力自走砲「盎圖斯」（1954）

美國海軍陸戰隊
使用的步兵支援車輛
配備6門106㎜無後座力砲

●60式106㎜無後座力自走砲（1960）

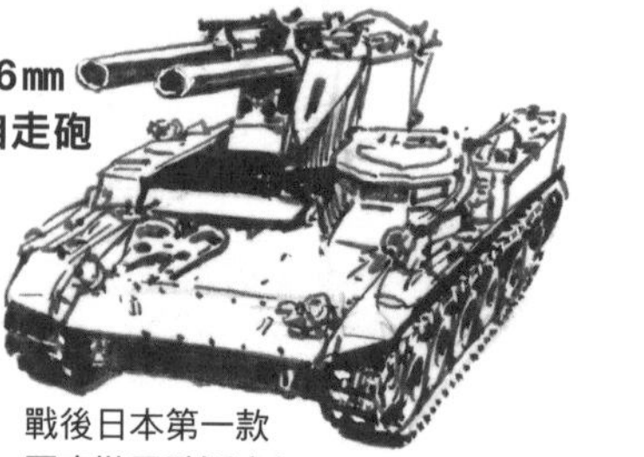

戰後日本第一款
國產裝甲戰鬥車輛

驅逐戰車
飛彈戰車

擊破敵方戰車是發展驅逐戰車最根本的目的，當飛彈在第二次世界大戰後實用化之後，驅逐戰車也隨之演進，轉而使用飛彈作為主武器。

飛彈是擊破敵方戰車的最佳武器！
配備4發SS11
反戰車飛彈的75㎜主砲
為全自動式
●AMX13（1952）
第二次世界大戰後
第一款由法國開發的輕戰車
除了法國，世界上許多國家也有使用
導引裝置
●搭載6發HOT式反戰車飛彈型
AMX13

■反戰車飛彈的登場

驅逐戰車這種車輛是在第二次世界大戰中期出現的，而在戰後的1950年代中期開始實用化的反戰車飛彈不僅射程遠、命中精準度與破壞力高，最大的優點就是發射裝置簡便。

小型的反戰車飛彈步兵就可以攜帶；就算是大型的，也能搭載於吉普車之類的車輛。

因此，戰後以驅逐戰車為目的進行開發的車輛並不多，能發射飛彈的戰車成為了反戰車車輛的主流。

「發現敵方戰車!!
距離1000公尺
發射反戰車飛彈!!」
咻~咻~
這就是法國自豪的
SS11反戰車飛彈。
AMX13輕戰車
登場時，還曾發出
「不論是哪種重戰車，
只要瞄準了，
都能一發解決！」的豪語。

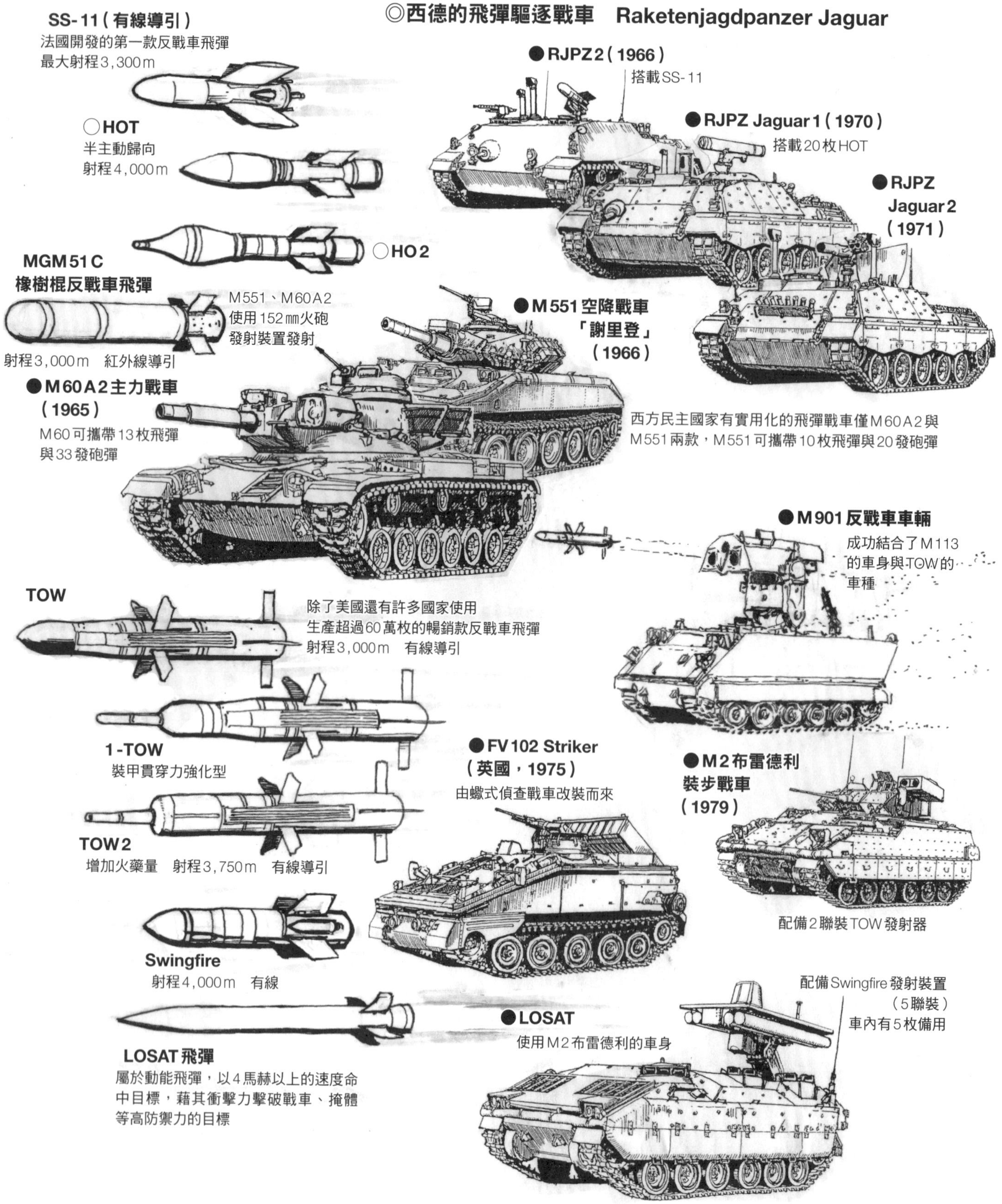
◎西德的飛彈驅逐戰車　Raketenjagdpanzer Jaguar
SS-11（有線導引）
法國開發的第一款反戰車飛彈
最大射程3,300m
●RJPZ2（1966）
搭載SS-11
○HOT
半主動歸向
射程4,000m
●RJPZ Jaguar 1（1970）
搭載20枚HOT
●RJPZ
Jaguar 2
（1971）
○HO2
MGM51C
橡樹棍反戰車飛彈
M551、M60A2
使用152㎜火砲
發射裝置發射
射程3,000m　紅外線導引
●M551空降戰車
「謝里登」
（1966）
●M60A2主力戰車
（1965）
M60可攜帶13枚飛彈
與33發砲彈
西方民主國家有實用化的飛彈戰車僅M60A2與
M551兩款，M551可攜帶10枚飛彈與20發砲彈
●M901反戰車車輛
成功結合了M113
的車身與TOW的
車種
TOW
除了美國還有許多國家使用
生產超過60萬枚的暢銷款反戰車飛彈
射程3,000m　有線導引
1-TOW
裝甲貫穿力強化型
●FV102 Striker
（英國，1975）
由蠍式偵查戰車改裝而來
●M2布雷德利
裝步戰車
（1979）
TOW2
增加火藥量　射程3,750m　有線導引
配備2聯裝TOW發射器
Swingfire
射程4,000m　有線
配備Swingfire發射裝置
（5聯裝）
車內有5枚備用
●LOSAT
使用M2布雷德利的車身
LOSAT飛彈
屬於動能飛彈，以4馬赫以上的速度命
中目標，藉其衝擊力擊破戰車、掩體
等高防禦力的目標

雖然飛彈的命中率及威力優於戰車砲，但飛彈的弱點在於飛行時間。如果是3000公尺的距離，從發射到命中為止需要約十秒。在相同的時間內，戰車砲可以發射3～4發，並閃避飛彈。

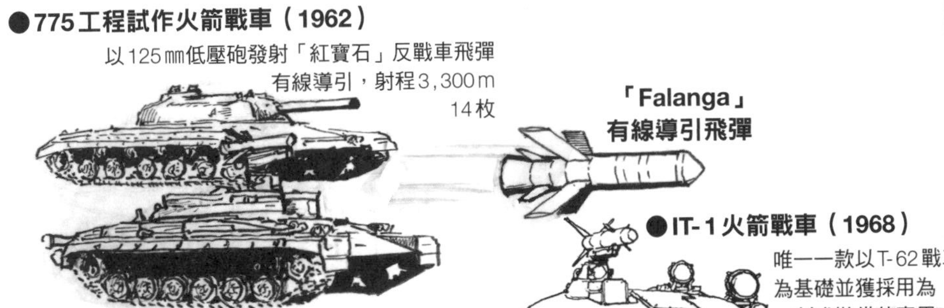

●775工程試作火箭戰車（1962）
以125㎜低壓砲發射「紅寶石」反戰車飛彈
有線導引，射程3,300m
14枚
「Falanga」
有線導引飛彈
●287工程試作火箭戰車
（1962）
「Falanga」15枚。車身為T-64初期型

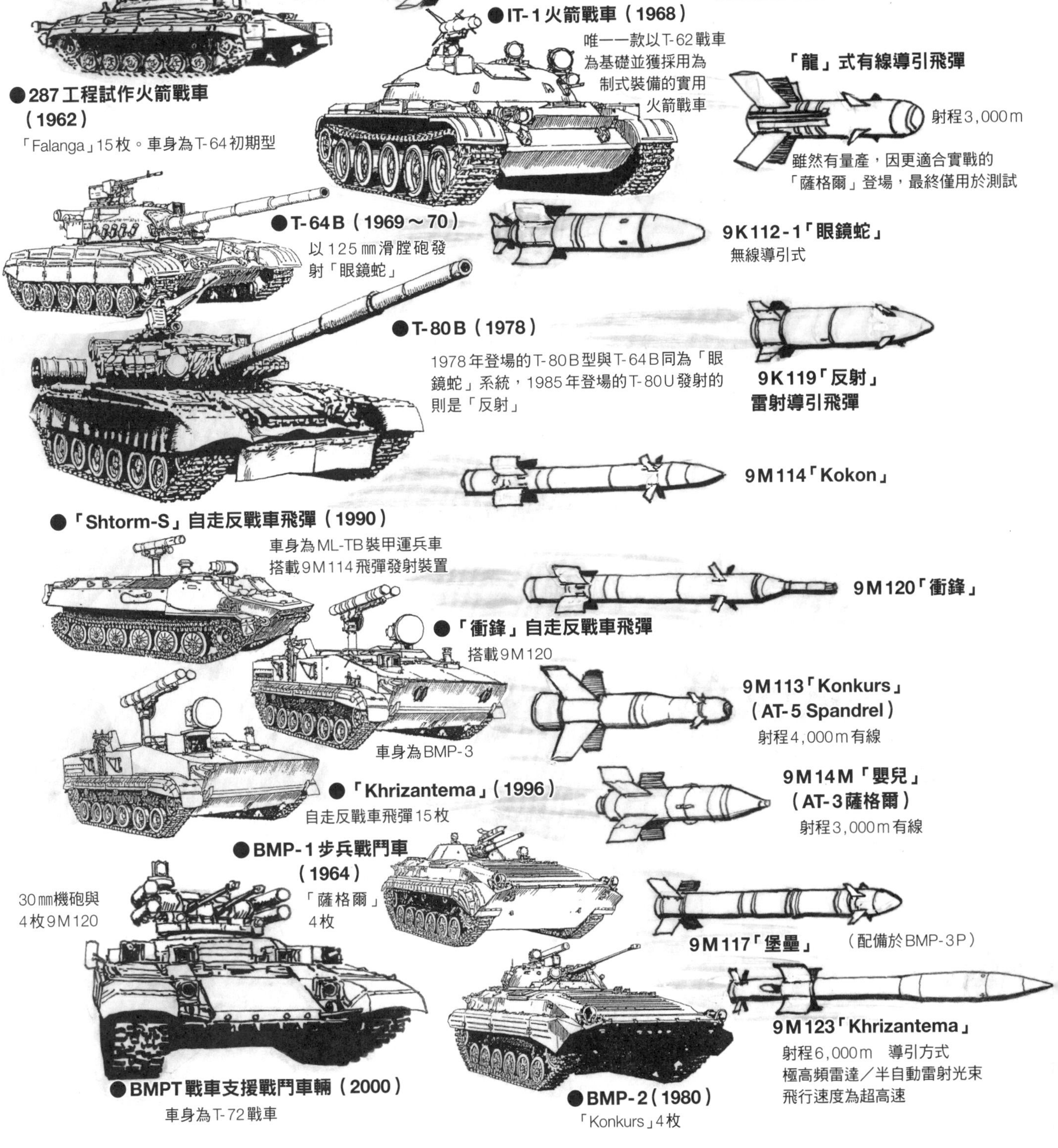

●IT-1火箭戰車（1968）
唯一一款以T-62戰車
為基礎並獲採用為
制式裝備的實用
火箭戰車
「龍」式有線導引飛彈
射程3,000m
雖然有量產，因更適合實戰的
「薩格爾」登場，最終僅用於測試
●T-64B（1969～70）
以125㎜滑膛砲發
射「眼鏡蛇」
9K112-1「眼鏡蛇」
無線導引式
●T-80B（1978）
1978年登場的T-80B型與T-64B同為「眼
鏡蛇」系統，1985年登場的T-80U發射的
則是「反射」
9K119「反射」
雷射導引飛彈
9M114「Kokon」
●「Shtorm-S」自走反戰車飛彈（1990）
車身為ML-TB裝甲運兵車
搭載9M114飛彈發射裝置
9M120「衝鋒」
●「衝鋒」自走反戰車飛彈
搭載9M120
9M113「Konkurs」
（AT-5 Spandrel）
射程4,000m有線
車身為BMP-3
●「Khrizantema」（1996）
自走反戰車飛彈15枚
9M14M「嬰兒」
（AT-3薩格爾）
射程3,000m有線
●BMP-1步兵戰鬥車
（1964）
「薩格爾」
4枚
30㎜機砲與
4枚9M120
9M117「堡壘」
（配備於BMP-3P）
9M123「Khrizantema」
射程6,000m　導引方式
極高頻雷達／半自動雷射光束
飛行速度為超高速
●BMPT戰車支援戰鬥車輛（2000）
車身為T-72戰車
●BMP-2（1980）
「Konkurs」4枚

夢幻的最強戰車

MBT 70圖解

MBT-70是美國與西德放1970年代共同開發的最新銳戰車，集結了當時的最新技術，具備多項符合未來戰車需求的特徵。

◎駕駛位於砲塔

駕駛座設計於砲塔內，等於位在圓柱體中間，因此不論砲塔怎麼轉，駕駛都能維持朝向正面

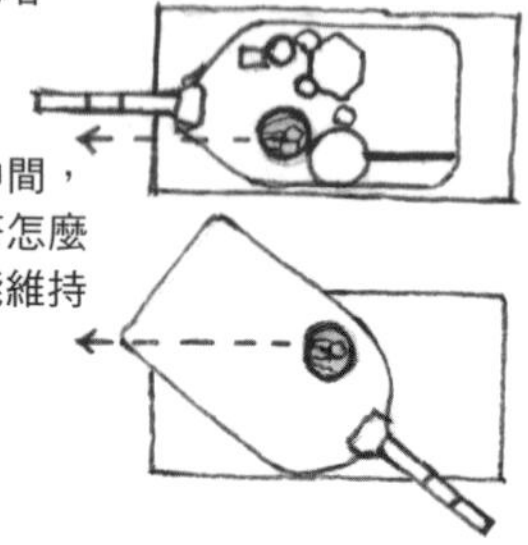

●西德MBT-70／kpz70（1967）

◎雷射測距儀

能夠藉由雷射正確測量與目標之間的距離，因此瞄準極為精確

◎可縮回式防空機砲

防空用20㎜機砲平時收起與砲塔平行，必要時才伸出來射擊

◎152㎜火砲發射裝置

主砲可以發射飛彈

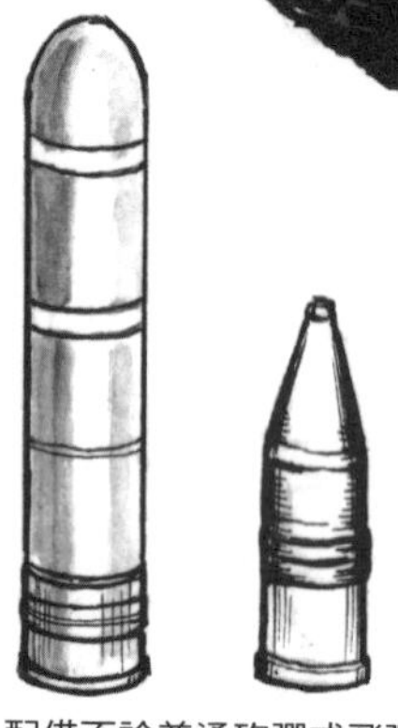

配備不論普通砲彈或飛彈都能發射，威力驚人的152㎜砲

◎車身可升降

使用油壓式彈簧

可自由調整車身高度約50㎝

◎防空機砲

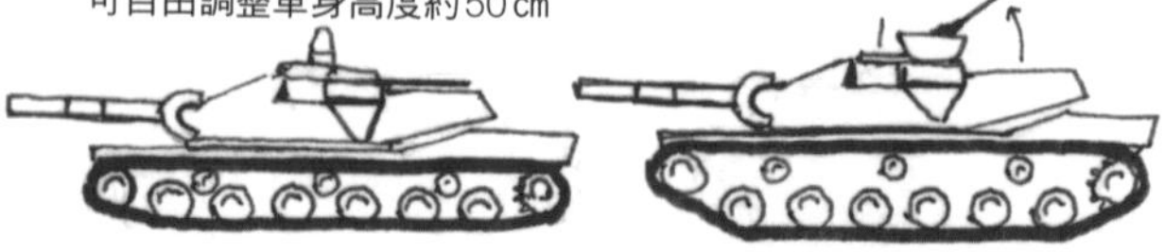

◎彈藥為自動裝填式

不論飛彈或砲彈都能自動裝填，因此不需要裝填手，乘員僅3人

◎配備核生化武器防禦裝置（空氣過濾器）

●XM803試作車

美國最終製作這一型當作MBT-70的簡化版

12.7㎜遙控防空機槍

戰車沒有採用飛彈作為武裝最大的原因，在於飛彈太昂貴。另外一項原因是，必須超過一定距離（所謂的最小射程），引才會開始生效，不利於近戰。近來，俄羅斯及以色列都在開發可以從主砲發射的飛彈，但還不知道是否會成為主流。

美國與西德共同開發的MBT-70是集結了當時各種最新裝備的主力戰車，但最後卻淪為了複雜、昂貴，而且缺乏可靠度的武器。西德由於對主砲的想法不同（批評火砲發射裝置）與開發費用過多而退出（轉而開發豹式戰車），美國則開發在各部位進行了Cost Down的XM803，但因價格與機械問題而在1971年中止計畫。

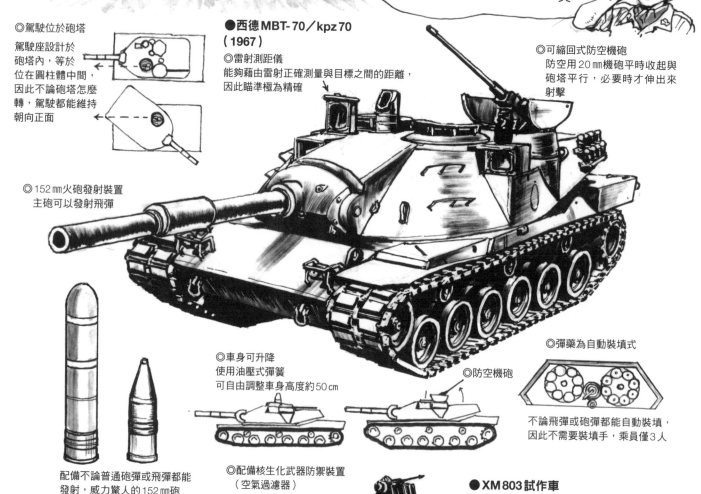

飛彈戰車
蘇聯的最新武器！
可以裝上強力炸藥或核彈頭，可說是自走式攻擊武器的終極型態！
飛彈戰車出動！
在一陣巨響中，
核彈頭飛彈發射了出來!!
飛彈戰車能夠邊移動，
邊攻擊敵方目標，
威力強大到難以估計。
1960年代的人認為，
未來核能時代的地面戰鬥
將會是飛彈對飛彈的決戰。
身穿防輻射衣的士兵
看了真讓人不舒服。

第二次世界大戰後出現了可以搭載核子武器的飛彈，用來發射這些飛彈的飛彈戰車也隨之問世。另外還有搭載了防空飛彈，針對性能有著長足進步的飛機進行攻擊的防空飛彈戰車。

蘇聯的飛彈戰車。◎為蘇聯的名稱，○則是民主陣營國家取的代號與確認到該武器的年分。
◎RT-20（1964）
○晉徒（1965）
使用與惡棍相同的車身
搭載射程7000㎞級的飛彈
可一面移動發射位置一面發射的
洲際彈道飛彈
飛彈是在垂直立起
發射裝置之後發射
飛毛腿B　射程280㎞
飛毛腿C　射程700㎞
◎8K11（1955）
搭載射程150㎞的地對地飛彈
車身為史達林戰車
◎RT-15（1961）
○SS14惡棍（1965）
以史達林系列的底盤搭載射程2500㎞
的RT-15戰略彈道飛彈
發射裝置為起倒式
●潘興（美國，1962）
射程300～640㎞的潘興地對地飛彈的運輸車
●MLRS（美國，1983）
雖然是多管火箭發射系統，但因為實用
化了陸軍戰術導彈系統，故放在此單元
介紹
Block IIA的最大射程300㎞

自走發射裝置

蘇聯過去將資源投入火箭，當作取代野砲的地面攻擊用武器，
第二次世界大戰後也進行了地對空飛彈及戰術、戰略飛彈的開發，
製造出許多火箭、飛彈武器，並積極將這些武器自走化。
自走發射裝置便是能不斷移動發射位置，
具備機動性與隱密性的祕密武器。

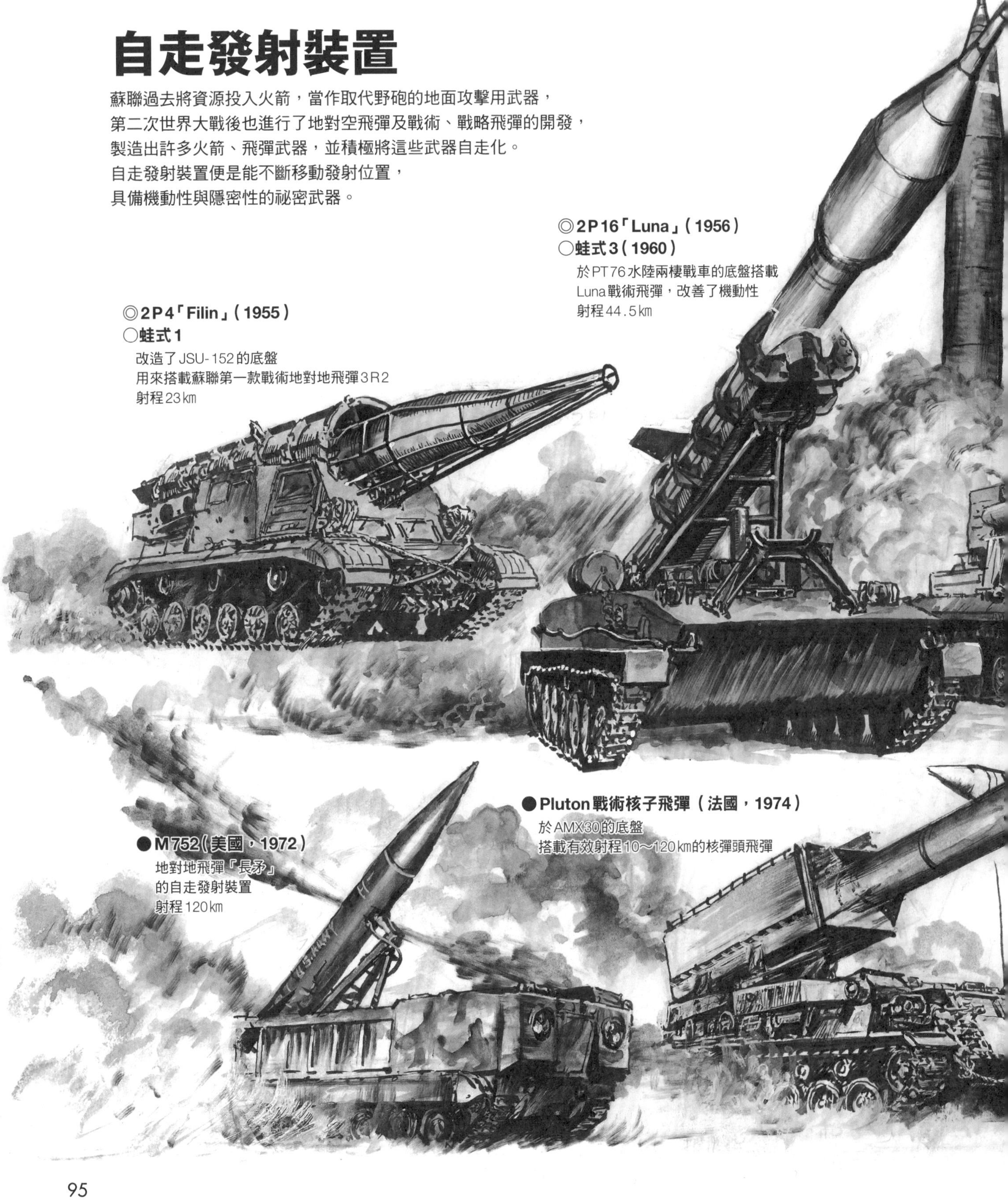

◎2P16「Luna」（1956）
○蛙式3（1960）
於PT76水陸兩棲戰車的底盤搭載
Luna戰術飛彈，改善了機動性
射程44.5㎞

◎2P4「Filin」（1955）
○蛙式1
改造了JSU-152的底盤
用來搭載蘇聯第一款戰術地對地飛彈3R2
射程23㎞

●Pluton戰術核子飛彈（法國，1974）
於AMX30的底盤
搭載有效射程10～120㎞的核彈頭飛彈

●M752（美國，1972）
地對地飛彈「長矛」
的自走發射裝置
射程120㎞

■防空飛彈戰車

對於制空權沒有自信的蘇聯，同樣致力於開發防空飛彈，
並與機砲搭配使用以掩護己方軍隊。

◎2K11「Krug」(1958)
○SA2飛賊(1961)
搭載衝壓引擎式的防空飛彈
有效射程670km
射高18,000m

◎2K12「Kub」(1957)
SA6利益(1967)
曾在第4次中東戰爭痛擊以色列空軍
有效射程24km　射高11,000m

◎9K37「山毛櫸」(1980)
○SA11牛虻
2K11的後繼款
有效射程32km
射高20,000m

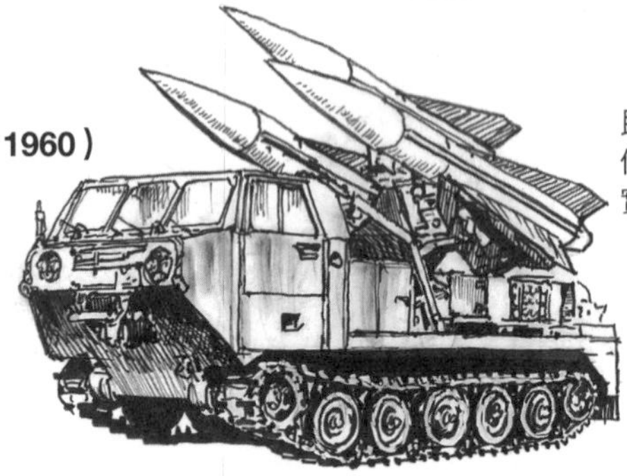

●鷹式
(美國，1960)
民主陣營代表性的低空用防空飛彈
僅一部分搭載於M113改造的底盤，
實際上使用的是牽引式的發射裝置

◎S-300Y(1969)
○SA17灰熊
以攔截高空敵機及彈道飛彈為目的
的自走防空飛彈
有小型(4聯裝)與大型(聯裝)，
大型的有效射程為75km
射高25,000m

●Shahine
(法國，1980)
以AMX30的底盤
搭載6座發射裝置

反擊戰車最頭痛的敵人——「飛機」的武器便是防空戰車。
空對地攻擊更趨猛烈的二戰後期，開始出現裝甲車輛改裝成的正統防空戰車。

防空戰車
第二次世界大戰

蘇聯的攻擊機可說是二戰中最具代表性的空對地攻擊武器，連戰鬥機都難以將其擊落，是德國戰車的天敵。

●伊留申IL-2攻擊機（蘇聯）
專為攻擊地面所開發
若不是口徑20㎜以上的地面砲火，
非常難將其擊落
23㎜機砲×2，7.62㎜×2，12.7㎜旋轉機槍×1
炸彈600kg，後期型為火箭彈8發

●霍克颱風（英國）
英軍的戰鬥轟炸機，取代颶風在歐陸進行猛烈的地面攻擊
由於也摧毀了許多火車，因此有火車殺手的稱號
20㎜×4，450kg炸彈×2　火箭彈8發
旋風式防空戰車等車輛搭載的2㎝Flak38四聯裝防空砲有戰鬥轟炸機殺手之稱
●噴火戰鬥機（英國）
噴火也曾被當作戰鬥轟炸機使用
因運動性優異，俯衝轟炸及低空攻擊有出色表現
20㎜機砲×4，125kg或250kg炸彈×2
●A-36俯衝轟炸機（美國）
野馬式戰鬥機改造而成的美國陸軍俯衝轟炸機
活躍於北非、義大利
12.7㎜機槍×6，250kg炸彈×2
●4聯裝防空戰車
●擄獲車輛（1941）
在英軍的布倫機槍運輸車上搭載2㎝Flak38機砲
●I號戰車（1941）
搭載2㎝Flak38機砲，於東部戰線初期使用
●「旋風」式Ⅳ號防空戰車
●38（t）防空戰車L型（1943）
諾曼第登陸時使用了不少
●寧錄（匈牙利，1940）
瑞典的L-62防空戰車的授權生產版本
於東部戰線參戰
搭載波佛斯40㎜砲
■日本的試製防空戰車（1944）
●20㎜單砲
●20㎜雙聯
日軍利用九八式輕戰車的底盤，製作了搭載20㎜高射機砲的車款等數種防空戰車，但最後都僅是試作
●義大利
底盤為M15／42，與日本一樣僅試作
搭載布雷達20㎜4聯裝機槍

給予戰鬥轟炸機迎頭痛擊！

失去了制空權的德軍苦於盟軍軍機的低空攻擊，打造出許多防空自走砲。
這些防空戰車大多是半履帶式的，
因此德軍仍高度需要能與戰車部隊一同行動、裝甲防禦力夠的防空戰車。

●P-47雷霆式戰鬥機（美國）
P-51登場後讓出了轟炸機護衛任務
轉型為戰鬥轟炸機
馬力大、堅固且搭載能強
是美軍代表性的戰鬥轟炸機
讓德軍吃足了苦頭
12.7㎜×8，454kg炸彈×2
後期型為火箭彈8發
●搭載8.8㎝Flak防空自走砲
圖為Flak41型（1944）
雖然也有做出Flak37型（1943）
但最後僅試作
●3.7㎝2聯
豹式防空戰車
「Coelian」
●3.7㎝
Flak43
「東風」
●蟋蟀38t防空戰車
（1945）
搭載3㎝Flak 103／38
的就地改造車輛
球狀閃電及東風等
正統防空戰車未能量產
●3㎝2聯
IV號防空戰車
「球狀閃電」
●MG34 口徑7.92㎜
將車載機槍裝在防空砲架上使用，
但威力不足
●「家具車」式防空戰車
●F4U-1D海盜式戰鬥機（美國）
橫行於太平洋戰場的海軍／陸戰隊戰鬥轟炸機
12.7㎜×6
445kg炸彈×3
或
火箭彈8發
●霍克颶風IID（英國）
在北非是以4門20㎜機砲掃射地面
IIC型配備2門40㎜砲
另有2發225kg炸彈
運動性不佳
難以閃避地面砲火
●P-40小鷹戰鬥機
（美國）
●P-39 空中眼鏡蛇
（美國）
蘇聯透過租借法案
取得了本機，
並成功使用於地面攻擊
與低空戰鬥
20㎜（驅動軸砲）×1
12.7㎜×2，7.7㎜×2
227kg炸彈×1
堅固的機身獲得青睞，
很早就被當作戰鬥轟炸機使用
12.7㎜機槍×6，225kg炸彈×1
原本已經是二線戰鬥機的颶風及小
鷹在北非戰場被轉作戰鬥轟炸機使
用，也有出色的表現。

擁有制空權的盟軍防空戰車

盟軍與德軍不同，由於掌握了空中優勢，
因此沒有防空戰車的需求，
幾乎都只是試作。

●福克 - 沃爾夫 Fw 190 F（德國）
取代Ju87的地面攻擊、俯衝轟炸機
東、西兩邊的戰線皆有上陣

雖有不同版本，但武裝為7.7㎜
或13㎜機槍，或是20㎜×2
機腹掛載1枚500kg炸彈，機翼掛載2枚100kg炸彈

■美國

●T-36防空自走砲
於M3中戰車搭載40㎜
波佛斯砲塔
（1942年試作）

●T77防空自走砲
（1944年試作）
於M24安裝了
6挺12.7㎜機槍，
集中火力驚人，
但未能趕得及參戰

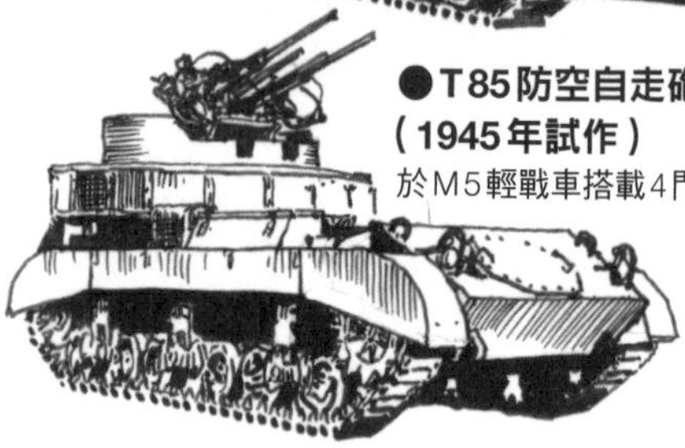

●T85防空自走砲
（1945年試作）
於M5輕戰車搭載4門20㎜機砲

●M19防空自走砲
（1945）
配備40㎜聯裝機砲
底盤為M24
趕不及在第二次
世界大戰登場，
於韓戰首度參與
實戰，是美國第一款
防空戰車

●白朗寧M2重機槍
口徑12.7㎜
對空射擊
也能發揮威力

■英國

●蠍式AA（1942）
於Mk. VI輕戰車的底盤搭載
4挺7.92㎜貝莎機槍

●十字軍AA MkⅠ
（1944年試作）
敞頂砲塔搭載了
波佛斯40㎜機砲

另外也試作了在相同砲
塔上安裝博爾斯通20
㎜防空砲的半人馬AA。

●十字軍AA MkⅡ
（1944年）
搭載歐瑞康20㎜機砲
在歐陸反攻作戰中
擔任防空戰車

■加拿大

●Skink AA
（1944）
在複製了雪曼戰車的
灰熊戰車上
搭載4聯裝20㎜機砲
未量產

■蘇聯

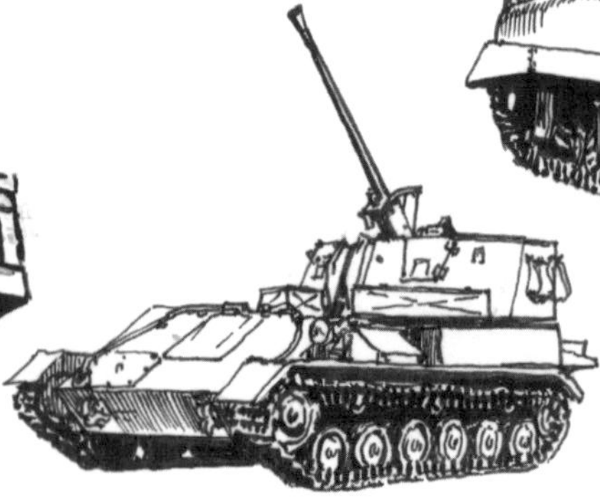

●ZSU 37（1944）
於SU-76的底盤搭載37㎜機砲

第二次世界大戰後，機槍收進砲塔的動力式成為防空戰車的主流。隨著搭載噴射引擎的敵機出現，機槍也開始與飛彈搭配運用。

防空戰車

第二次世界大戰以後

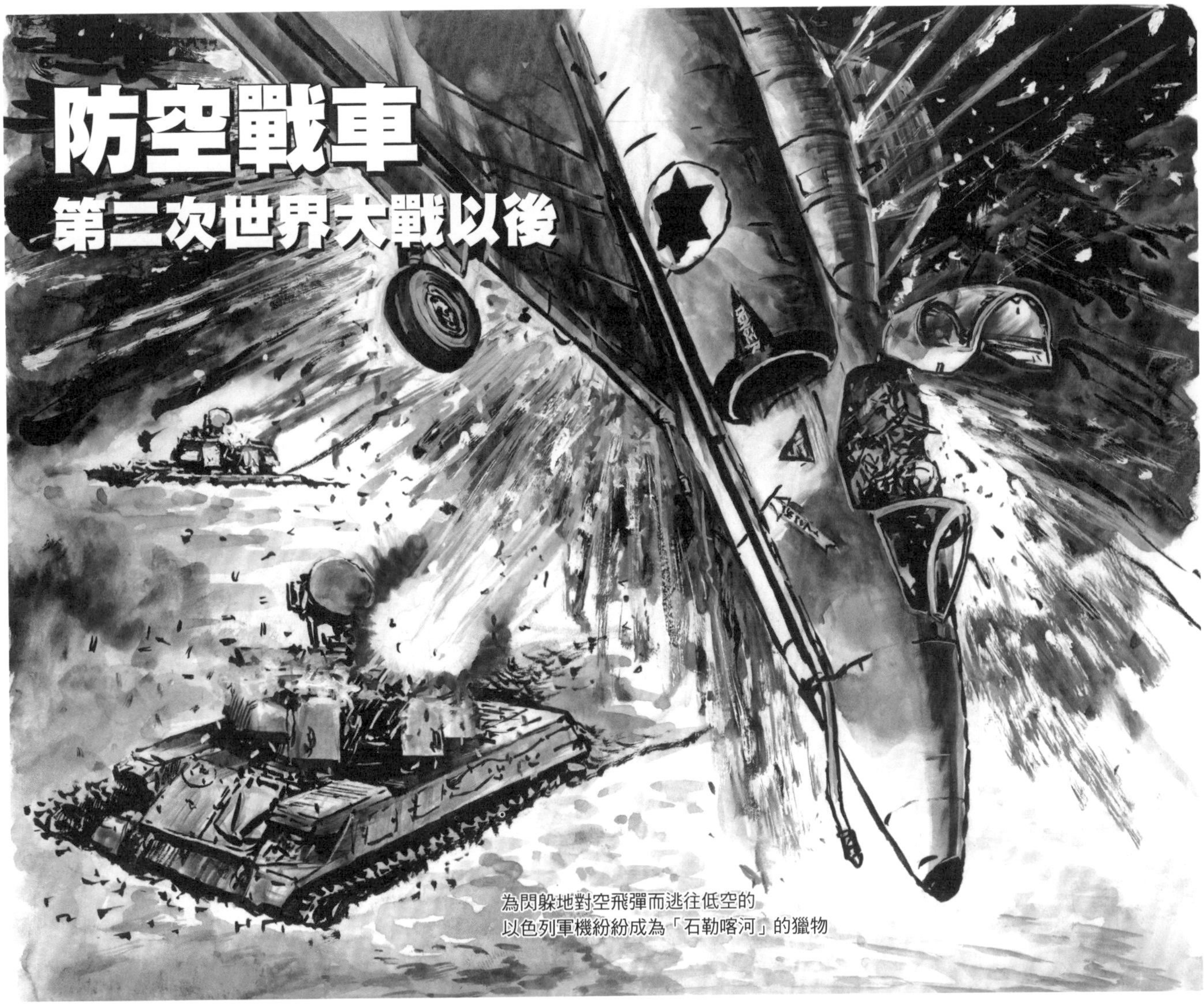

為閃躲地對空飛彈而逃往低空的
以色列軍機紛紛成為「石勒喀河」的獵物

■阿拉伯的防空飛彈網

不同射程的各種地對空飛彈相互搭配，有如撐起了一把保護友軍的防護傘

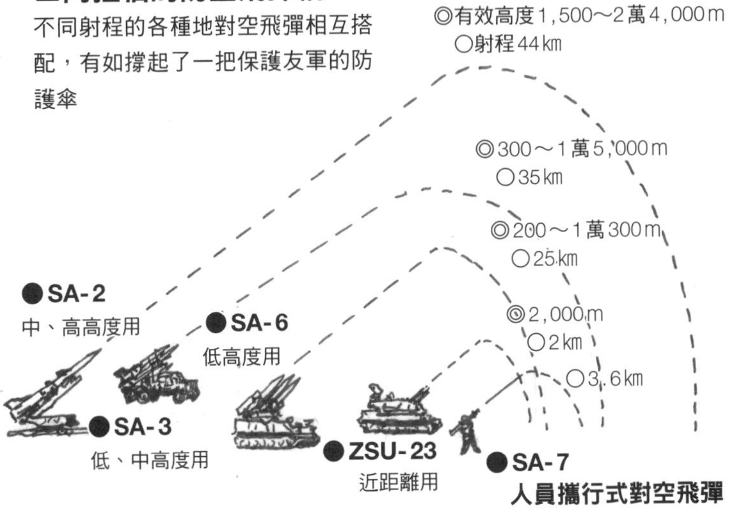
◎有效高度1,500～2萬4,000m
○射程44km
◎300～1萬5,000m
○35km
◎200～1萬300m
○25km
◎2,000m
○2km
○3.6km
●SA-2
中、高高度用
●SA-6
低高度用
●SA-3
低、中高度用
●ZSU-23
近距離用
●SA-7
人員攜行式對空飛彈

在1973年的第四次中東戰爭中，阿拉伯方將蘇聯提供的防空飛彈與高射機砲搭配運用，建立了強大的防空網迎擊中東最強的以色列空軍，令以色列方損失慘重。

「石勒喀河」在掩護地面部隊上的表現似乎非常棒呢！

●9K35「箭」（蘇聯，1969）
SA-13
防空飛彈×4
●ZSU-23-4「石勒喀河」（蘇聯，1957）
23㎜砲×4
全世界第一款
配備雷射瞄準
系統的防空戰車
●ZSU-57
（蘇聯，1947）
57㎜砲×2
●2S6「通古斯卡」
（蘇聯，1970）
配備機砲與
防空飛彈的複合型
30㎜砲×2，9M311飛彈×8
●63式（中國，1963）
37㎜砲×2
車身為T-34
●88式（中國，1988）
37㎜砲×2
車身為T-55系列
中國第一款
有雷達系統的
防空車輛
●95式
（中國，1999）
配備25㎜砲×4與4
枚飛彈
●AMX-13 DCA（法國，1967）
30㎜砲×2
車身為AMX-13
輕戰車
●Falcon（英國，1970）
30㎜砲×2
車身為艾伯特
●AMX-30 DCA（法國，1970）
30㎜砲×2
車身為
AMX-30
未獲法國採用
●SIDAM 25
（義大利，1989）
25㎜砲×4
●神射手（英國，1990）
英國並不積
極開發防空
戰車，最後
未採用
35㎜砲×2
●CV9040 Chameleon
（瑞典，1993）
CV90
裝甲戰鬥車
的防空版
40㎜×1
●奧托馬蒂克
（義大利，1990）
配備長射程的
76㎜速射砲

※四聯裝機槍在現代也非常適合迎擊進行低空攻擊的航空機，是航空機非常懼怕的武器。

自走防空車輛，全員集合！

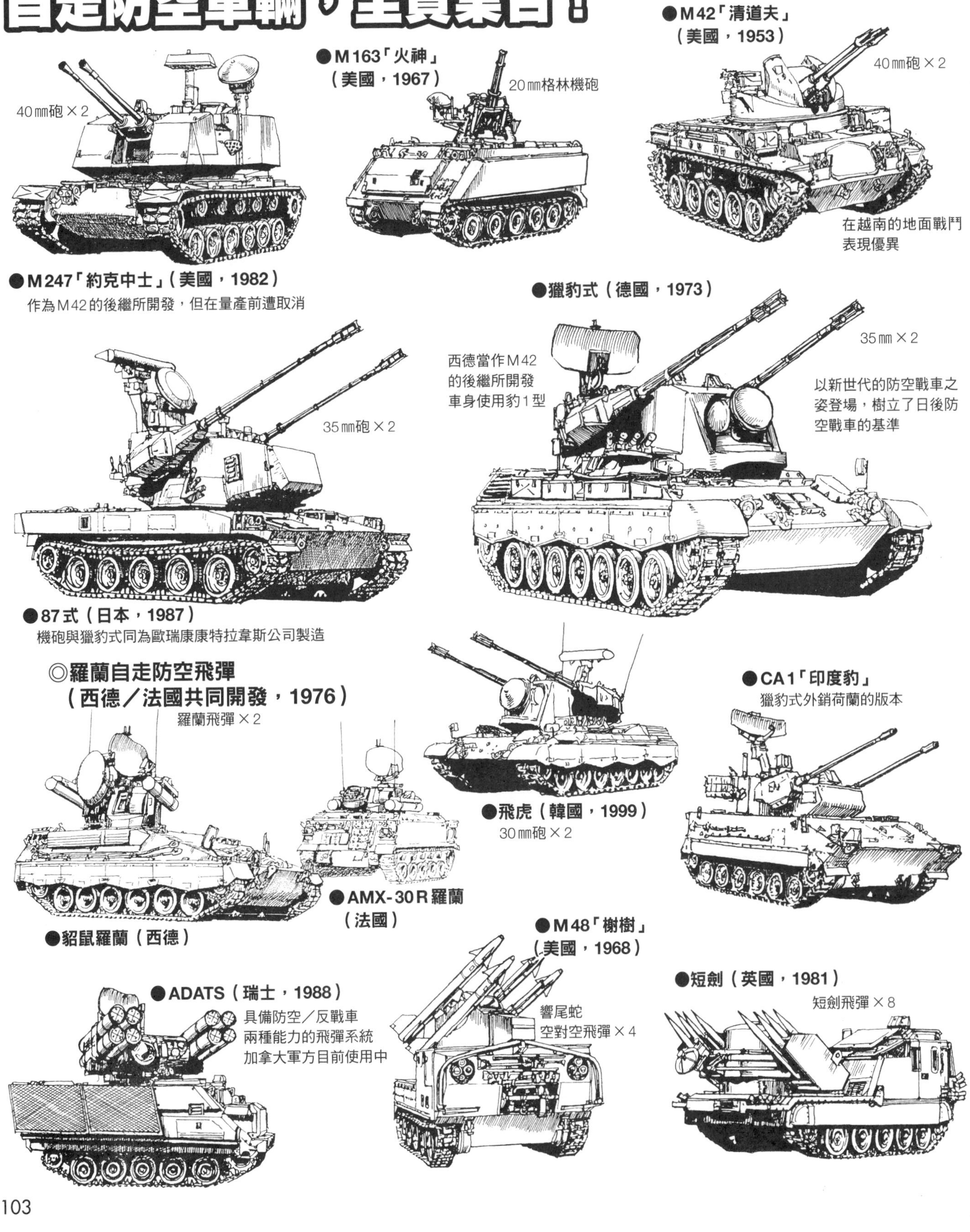

●M42「清道夫」
（美國，1953）
40㎜砲×2
在越南的地面戰鬥
表現優異
●M163「火神」
（美國，1967）
20㎜格林機砲
40㎜砲×2
●M247「約克中士」（美國，1982）
作為M42的後繼所開發，但在量產前遭取消
●獵豹式（德國，1973）
35㎜×2
西德當作M42
的後繼所開發
車身使用豹1型
以新世代的防空戰車之
姿登場，樹立了日後防
空戰車的基準
35㎜砲×2
●87式（日本，1987）
機砲與獵豹式同為歐瑞康康特拉韋斯公司製造
◎羅蘭自走防空飛彈
（西德／法國共同開發，1976）
羅蘭飛彈×2
●飛虎（韓國，1999）
30㎜砲×2
●CA1「印度豹」
獵豹式外銷荷蘭的版本
●AMX-30R羅蘭
（法國）
●貂鼠羅蘭（西德）
●M48「樹樹」
（美國，1968）
響尾蛇
空對空飛彈×4
●ADATS（瑞士，1988）
具備防空／反戰車
兩種能力的飛彈系統
加拿大軍方目前使用中
●短劍（英國，1981）
短劍飛彈×8

防空戰車算什麼!!

看我把你們殺個片甲不留！

現有的地面攻擊機具備優異的對地攻擊能力，可在戰場長時間滯空，並配備了機砲及反戰車飛彈，在近來的戰爭中依舊扮演著戰車天敵的角色。

●A-10雷霆二式攻擊機
●蘇愷-25
蛙足
（俄羅斯）
●Mi-28N
浩劫
（俄羅斯）
●Ka-52
鱷魚
（俄羅斯）
●AH-64D
長弓阿帕契
（美國）
●A129
貓鼬
（義大利）
●AH-1Z蝰蛇
（美國）
AH-1眼鏡蛇的發展型
●Mi-24雌鹿
（俄羅斯）
舊蘇聯最具代表性的攻擊直升機
●EC65虎式直升機
（法國／德國共同研發）
哇～根本打不過在天上飛的嘛～

火箭砲戰車

以火藥做為推進劑的火箭彈自古以來就被運用於戰爭中，但直到第二次世界大戰才出現將火箭彈裝在裝甲車輛上，以求增強火力的武器。這個單元要介紹的便是搭載了火箭彈的戰車。

令德軍顫抖畏懼的卡秋莎多管火箭砲戰車

（摘自1963年少年雜誌的卷頭插畫）

●附BM8-24火箭發射器 T-60戰車

蘇聯搭載了卡秋莎多管火箭砲的戰車似乎只有這款T-60

■火箭砲戰車

擊破了德軍戰車的無敵蘇聯戰車部隊。我小時候看到這幅色插畫中的戰車時大感吃驚。

現在再回頭看就知道，這是在JSU152與SU100拼起來的車身上搭載了「卡秋莎多管火箭砲」。

原本裝在卡車上的卡秋莎多管火箭砲被稱為史達林的管風琴，是一款強大的火力支援武器。

當時熱愛軍武的我當然知道這件事，但沒想到這竟然也可以搭載於戰車，對於那時候的少年雜誌能掌握到這種情報深感佩服（後來才知道這是錯誤資訊）。

這個單元就來介紹一下結合了戰車與火箭砲打造成的武器。

美軍曾在戰車上
直接搭載火箭發射器，
於實戰中使用。
這種戰車在第二次世界大戰
的聖洛突破作戰、
眼鏡蛇行動都有上陣。
而在戰場上
使用最多的則是
風琴多管火箭砲。
4.5吋M8火箭彈（116.8㎜）
有摺疊式尾翼
最大射程3800m
改良型M16射程為4800m
●多聯裝火箭發射器T39
Whizbang
裝有20枚7.2吋火箭彈
配備可在車內操作的裝甲遮板
●多聯裝火箭發射器
T34「風琴」
配備4.5吋火箭彈60聯裝發射管
由於俯仰支撐臂裝在主砲上，
發射後無法拋棄
此發射器安裝於主砲時，
主砲不能發射
因此弱點在於無法發揮戰車的作用

火箭彈發射時的聲音十分尖銳，因此士兵取了「尖叫咪咪」這個外號。
另外也用相同的外號稱呼德軍的火箭砲。

●RBT-5火箭戰車（蘇聯）

攻擊敵方陣地用戰車，
搭載了最大射程1500m、250kg，
有「戰車魚雷」之稱的火箭彈

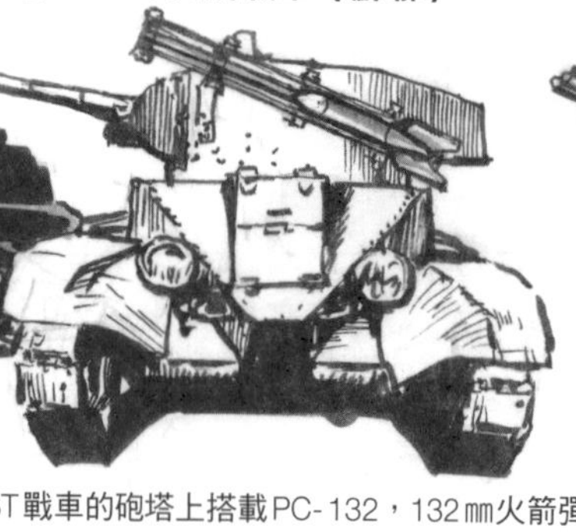

在BT戰車的砲塔上搭載PC-132，132㎜火箭彈

英軍就地改造出的武器
將航空器用火箭彈連同發射器裝在砲塔上
3吋（7.62㎜）火箭彈可攻擊前方360～730m
之目標

將敵軍徹底擊潰！！火箭砲戰車「風琴」

T34多管火箭砲名為Calliope，也就是「風琴」的意思。而德軍也將蘇聯軍的火箭砲稱為「史達林的管風琴」。或許是因為火箭彈的發音聽起來與此相似的關係。

●7.2吋T37火箭彈（182.8㎜）
根據海軍的反潛火箭彈──刺蝟彈所研發
雖然是大型火箭彈，但射程僅200m

●M26重戰車
砲塔兩側搭載了
裝有22枚M8火箭彈的發射器
發射後可拋棄發射器戰鬥
風琴以外的車輛最終全都僅以
試作、研究收場

●多聯裝火箭發射器T99

●M5A1輕戰車
搭載T39，
圖為遮板關閉的狀態
發射後可用油壓投擲
裝置拋棄

為裝甲工兵研發的
破壞敵方陣地用戰車

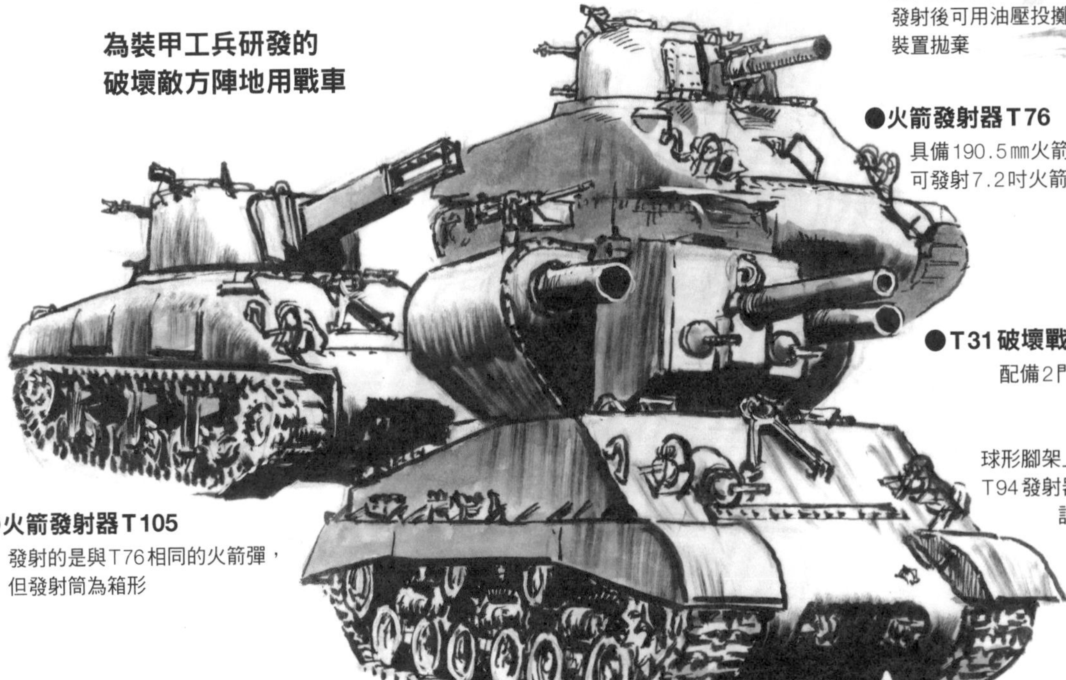

●火箭發射器T76
具備190.5㎜火箭發射筒
可發射7.2吋火箭彈

●T31破壞戰車
配備2門T94火箭發射器
中央為假砲管
砲塔體積大，
球形腳架上安裝了2挺機槍
T94發射器裝有5枚火箭彈
設有汽缸，可連發

還在測試階段
二戰便已結束，
遂中止研發

●火箭發射器T105
發射的是與T76相同的火箭彈，
但發射筒為箱形

不論什麼對手全都一起炸飛!!

●突擊虎式
搭載38㎝火箭砲，由虎I改造而成的突擊砲
曾投入華沙及亞爾丁戰役，實際驗證了其命
中時的驚人威力
●38㎝RW61
火箭榴彈
重量350kg
最大射程6000m
●雷諾UE小戰車
配備28／32㎝×4
木製發射器
●38H式戰車
28／32㎝金屬框
發射器×4

過去原本都是使用大型卡車裝載多聯裝火箭發射器，但近年來也開始朝裝甲化發展，研發出專用的履帶車。最具代表性的MLRS曾在波灣戰爭等展現其威力。

●自走式火箭發射器MLRS（美國）
直徑227㎜×12枚
最大射程32,000m

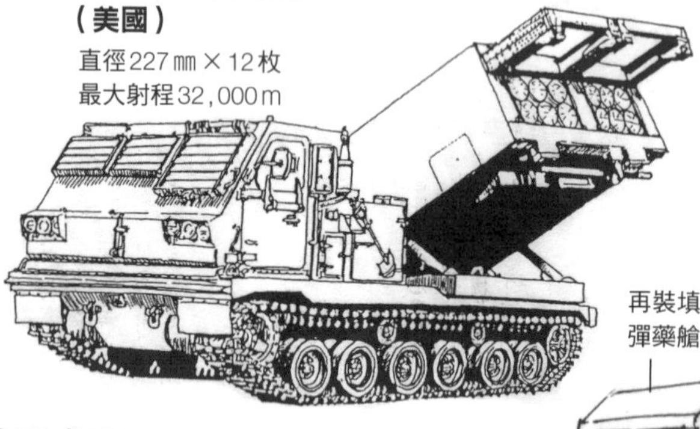

●160㎜LAR（以色列）
18聯裝發射器×2　最大射程30,000m
底盤為AMX-13

第3次中東戰爭後研發，
未獲以色列軍方採用

再裝填用
彈藥艙

●89式MRL（中國）
122㎜40聯裝發射器
最大射程20,580m
底盤為83式152㎜自走砲

●75式130㎜MRS（日本）
30聯裝
最大射程
14,500m

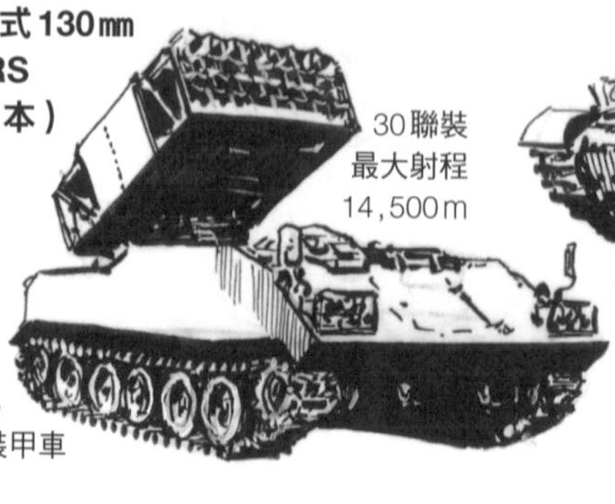

底盤為
73式裝甲車

●TOS-1 220㎜MRS（俄羅斯）
30聯裝發射器
有效射程
3500m
曾於車臣戰爭時
使用

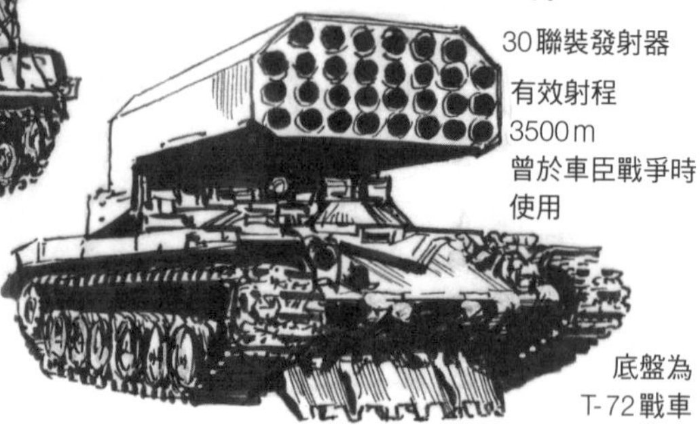

底盤為
T-72戰車

第3章

反戰車武器

World Tank Episode Collection

反戰車武器

從戰車在第一次世界大戰首度亮相的那一刻起，與其對抗的敵方便產生了反戰車武器與戰術的需求。

自此之後，戰車的攻擊力（火砲）與防護力（裝甲）便不斷進行拔河，一路發展至今。同樣地，戰車與反戰車武器也持續展開競爭，競相投入新構想及技術，以設法壓過對方，獲取勝利。

第二次世界大戰後的戰車大致上是火砲威力凌駕於裝甲之上，而應用了成形裝藥技術的反戰車飛彈及人員攜行式反戰車武器的出現，則帶給了攻擊戰車的一方決定性的優勢。

不過，使用了陶瓷等材質的複合裝甲打破了此一局面，再加上可謂「以毒攻毒」的反應裝甲以及能在空中迎擊敵方砲火的主動防禦系統（APS）等科技問世，似乎又輪到了防禦方占上風。

但攻擊方同樣祭出了成形裝藥彈頭的多重化及鎖定戰車弱點的導引技術等加以對抗，兩者間的爭鬥愈演愈烈。

第3章將會介紹反戰車武器及其戰鬥型態的歷史演變。

（文／浪江俊明）

步兵的反戰車武器
第二次世界大戰

對步兵而言，己方的戰車是強大的戰友，但敵方的戰車則是非常棘手的敵人。為了擊破敵方戰車，各國設計出了五花八門的反制武器。

A 有効射程	C 重量
B 裝甲貫穿力	D 炸藥量

在巴祖卡火箭筒及鐵拳反戰車榴彈發射器出現前，步兵面對敵方戰車進行近距離戰鬥時，最佳的方法就是使用集束手榴彈或地雷炸藥的肉搏攻擊。

由於日軍未能將有效的反戰車武器實用化，因此最主要的作戰方式就是以手榴彈或炸藥進行肉搏。

■日本軍

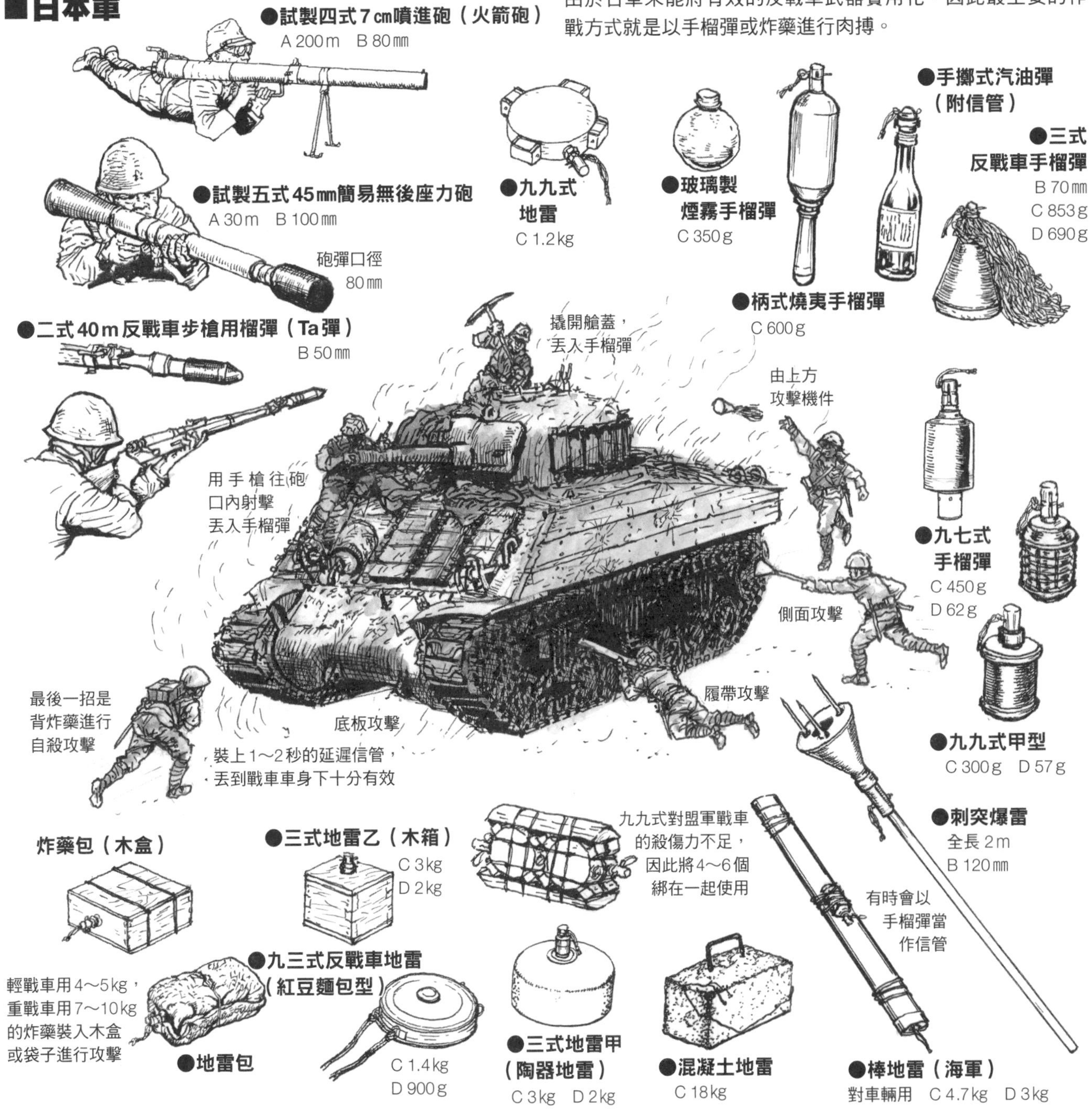

●試製四式7㎝噴進砲（火箭砲）
A 200m　B 80㎜
●試製五式45㎜簡易無後座力砲
A 30m　B 100㎜
砲彈口徑
80㎜
●二式40m反戰車步槍用榴彈（Ta彈）
B 50㎜
●九九式
地雷
C 1.2kg
●玻璃製
煙霧手榴彈
C 350g
●柄式燒夷手榴彈
C 600g
●手擲式汽油彈
（附信管）
●三式
反戰車手榴彈
B 70㎜
C 853g
D 690g
撬開艙蓋，
丟入手榴彈
由上方
攻擊機件
用手槍往砲
口內射擊
丟入手榴彈
●九七式
手榴彈
C 450g
D 62g
側面攻擊
履帶攻擊
最後一招是
背炸藥進行
自殺攻擊
底板攻擊
裝上1～2秒的延遲信管，
丟到戰車車身下十分有效
●九九式甲型
C 300g　D 57g
●刺突爆雷
全長 2m
B 120㎜
炸藥包（木盒）
●三式地雷乙（木箱）
C 3kg
D 2kg
九九式對盟軍戰車
的殺傷力不足，
因此將4～6個
綁在一起使用
有時會以
手榴彈當
作信管
●九三式反戰車地雷
（紅豆麵包型）
C 1.4kg
D 900g
輕戰車用4～5kg，
重戰車用7～10kg
的炸藥裝入木盒
或袋子進行攻擊
●地雷包
●三式地雷甲
（陶器地雷）
C 3kg　D 2kg
●混凝土地雷
C 18kg
●棒地雷（海軍）
對車輛用　C 4.7kg　D 3kg

■德軍

德軍步兵在第一次與第二次世界大戰的反戰車戰鬥中連續遭逢苦戰。不過，德國在大戰後期研發出了拋棄式的反戰車武器——鐵拳，蘇聯由此發展出的 RPG-7 現在已成為全世界步兵反戰車武器的主角。

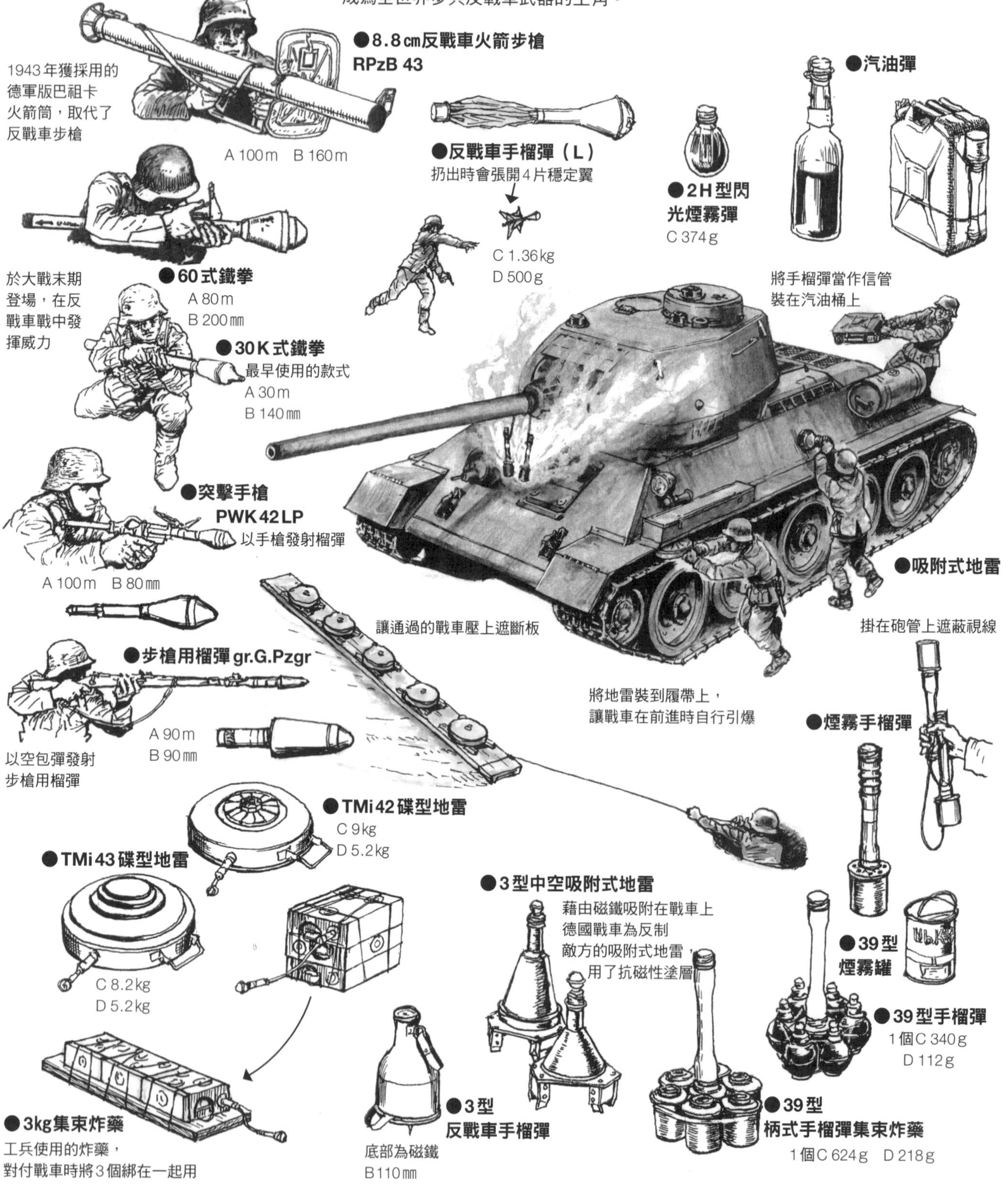
●8.8㎝反戰車火箭步槍
RPzB 43
1943年獲採用的
德軍版巴祖卡
火箭筒，取代了
反戰車步槍
A 100m　B 160m
●反戰車手榴彈（L）
扔出時會張開4片穩定翼
C 1.36kg
D 500g
●2H型閃
光煙霧彈
C 374g
●汽油彈
於大戰末期
登場，在反
戰車戰中發
揮威力
●60式鐵拳
A 80m
B 200㎜
●30K式鐵拳
最早使用的款式
A 30m
B 140㎜
將手榴彈當作信管
裝在汽油桶上
●突擊手槍
PWK 42 LP
以手槍發射榴彈
A 100m　B 80㎜
●吸附式地雷
讓通過的戰車壓上遮斷板
掛在砲管上遮蔽視線
●步槍用榴彈 gr.G.Pzgr
A 90m
B 90㎜
以空包彈發射
步槍用榴彈
將地雷裝到履帶上，
讓戰車在前進時自行引爆
●煙霧手榴彈
●TMi 42碟型地雷
C 9kg
D 5.2kg
●TMi 43碟型地雷
C 8.2kg
D 5.2kg
●3型中空吸附式地雷
藉由磁鐵吸附在戰車上
德國戰車為反制
敵方的吸附式地雷，
用了抗磁性塗層
●39型
煙霧罐
●39型手榴彈
1個C 340g
D 112g
●3kg集束炸藥
工兵使用的炸藥，
對付戰車時將3個綁在一起用
●3型
反戰車手榴彈
底部為磁鐵
B110㎜
●39型
柄式手榴彈集束炸藥
1個C 624g　D 218g

■連合軍

不太像日、德軍那樣進行近距離戰鬥

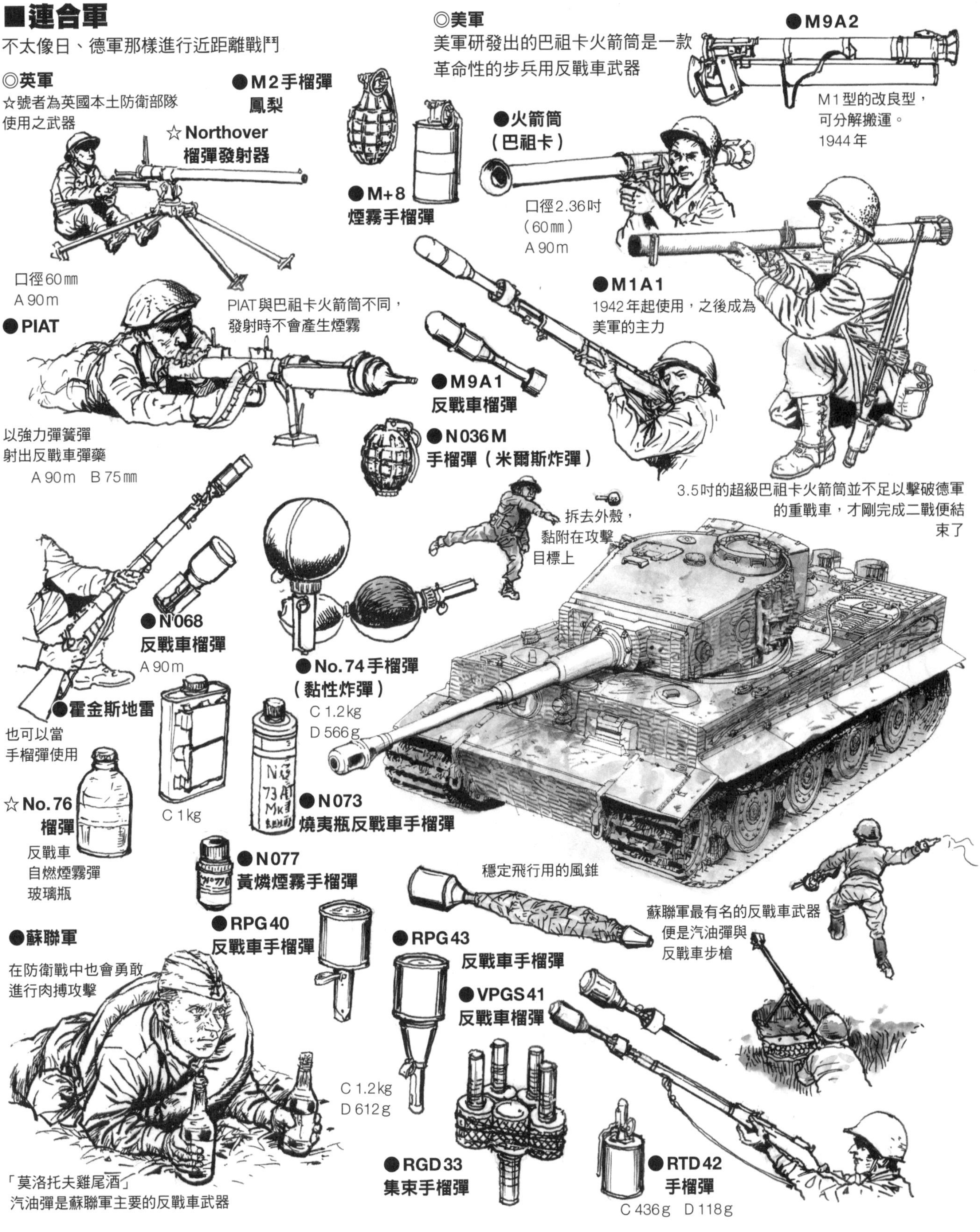

◎英軍
☆號者為英國本土防衛部隊
使用之武器
●M2手榴彈
鳳梨
☆Northover
榴彈發射器
口徑60㎜
A 90m
●M+8
煙霧手榴彈
◎美軍
美軍研發出的巴祖卡火箭筒是一款
革命性的步兵用反戰車武器
●M9A2
M1型的改良型，
可分解搬運。
1944年
●火箭筒
（巴祖卡）
口徑2.36吋
（60㎜）
A 90m
●PIAT
PIAT與巴祖卡火箭筒不同，
發射時不會產生煙霧
以強力彈簧彈
射出反戰車彈藥
A 90m B 75㎜
●M1A1
1942年起使用，之後成為
美軍的主力
●M9A1
反戰車榴彈
●N036M
手榴彈（米爾斯炸彈）
3.5吋的超級巴祖卡火箭筒並不足以擊破德軍
的重戰車，才剛完成二戰便結
束了
拆去外殼，
黏附在攻擊
目標上
●N068
反戰車榴彈
A 90m
●No.74手榴彈
（黏性炸彈）
C 1.2kg
D 566g
●霍金斯地雷
也可以當
手榴彈使用
C 1kg
☆No.76
榴彈
反戰車
自燃煙霧彈
玻璃瓶
●N073
燒夷瓶反戰車手榴彈
●N077
黃燐煙霧手榴彈
穩定飛行用的風錐
蘇聯軍最有名的反戰車武器
便是汽油彈與
反戰車步槍
●蘇聯軍
在防衛戰中也會勇敢
進行肉搏攻擊
●RPG40
反戰車手榴彈
●RPG43
反戰車手榴彈
●VPGS41
反戰車榴彈
C 1.2kg
D 612g
●RGD33
集束手榴彈
●RTD42
手榴彈
C 436g D 118g
「莫洛托夫雞尾酒」
汽油彈是蘇聯軍主要的反戰車武器

■反戰車步槍

第一次世界大戰出現的英軍戰車裝甲並不厚，大概只有5～10㎜，
德軍用一種名為K彈的特殊步槍彈就能貫穿。
因此反戰車步槍就成了最早的步兵用反戰車武器，各國都有進行研發。

※蘇聯軍大量使用了反戰車步槍不斷攻擊敵方戰車的弱點，德軍的因應之道則是在戰車上加裝裙甲。

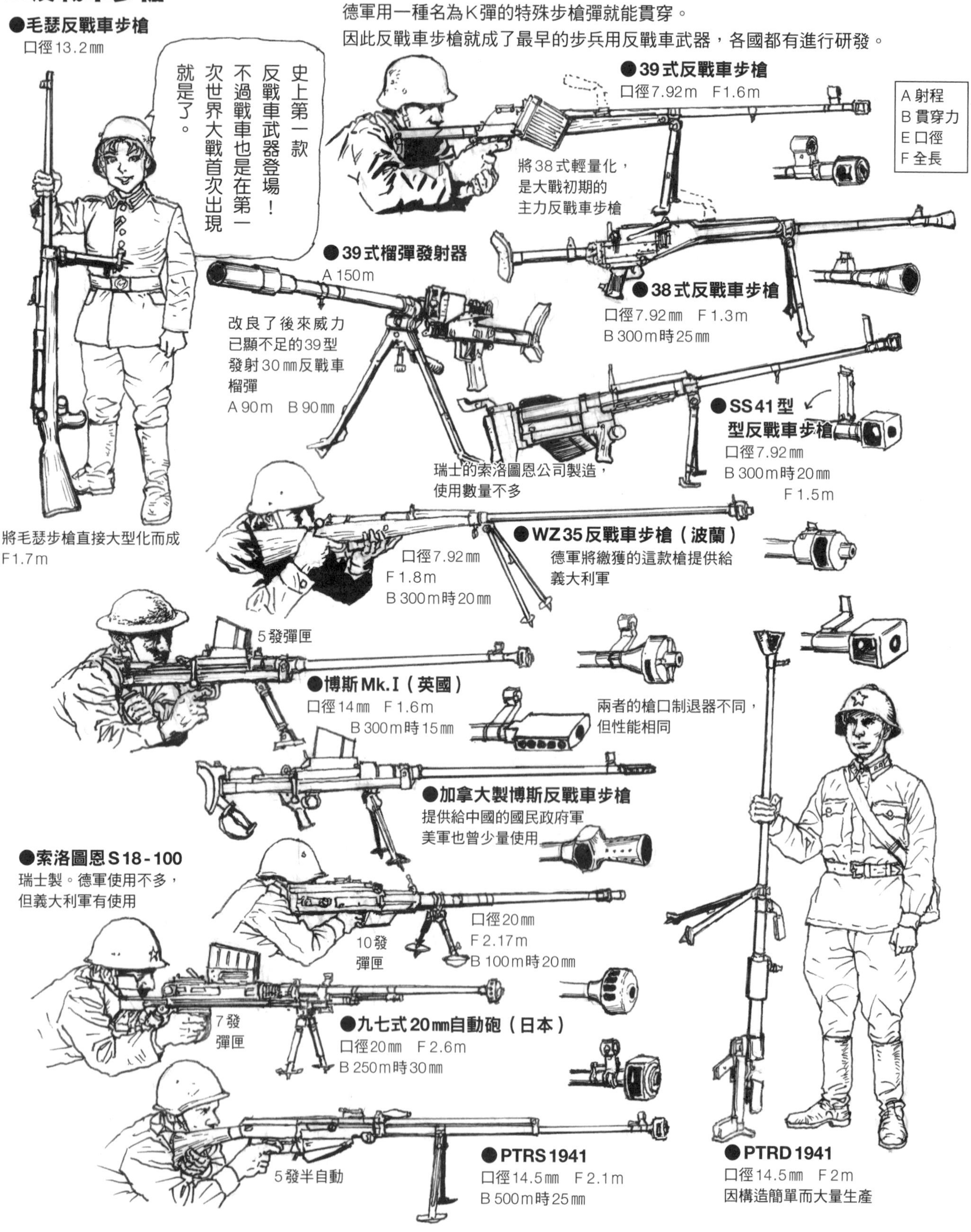

●毛瑟反戰車步槍
口徑13.2㎜
將毛瑟步槍直接大型化而成
F1.7m
史上第一款反戰車武器登場！不過戰車也是在第一次世界大戰首次出現就是了。
●39式反戰車步槍
口徑7.92m　F1.6m
A 射程
B 貫穿力
E 口徑
F 全長
將38式輕量化，是大戰初期的主力反戰車步槍
●39式榴彈發射器
A 150m
改良了後來威力已顯不足的39型發射30㎜反戰車榴彈
A 90m　B 90㎜
●38式反戰車步槍
口徑7.92㎜　F 1.3m
B 300m時25㎜
●SS41型型反戰車步槍
口徑7.92㎜
B 300m時20㎜
F 1.5m
瑞士的索洛圖恩公司製造，使用數量不多
●WZ35反戰車步槍（波蘭）
德軍將繳獲的這款槍提供給義大利軍
口徑7.92㎜
F 1.8m
B 300m時20㎜
5發彈匣
●博斯Mk.I（英國）
口徑14㎜　F 1.6m
B 300m時15㎜
兩者的槍口制退器不同，但性能相同
●加拿大製博斯反戰車步槍
提供給中國的國民政府軍
美軍也曾少量使用
●索洛圖恩S18-100
瑞士製。德軍使用不多，但義大利軍有使用
口徑20㎜
F 2.17m
B 100m時20㎜
10發彈匣
7發彈匣
●九七式20㎜自動砲（日本）
口徑20㎜　F 2.6m
B 250m時30㎜
●PTRS1941
口徑14.5㎜　F 2.1m
B 500m時25㎜
5發半自動
●PTRD1941
口徑14.5㎜　F 2m
因構造簡單而大量生產

步兵的反戰車武器
第二次世界大戰以後

美國在第二次世界大戰實用化的巴祖卡火箭筒，堪稱步兵可攜行式反戰車武器的最高傑作。戰後則又研發出了從巴祖卡火箭筒發展而來的火箭發射器、無後座力砲。

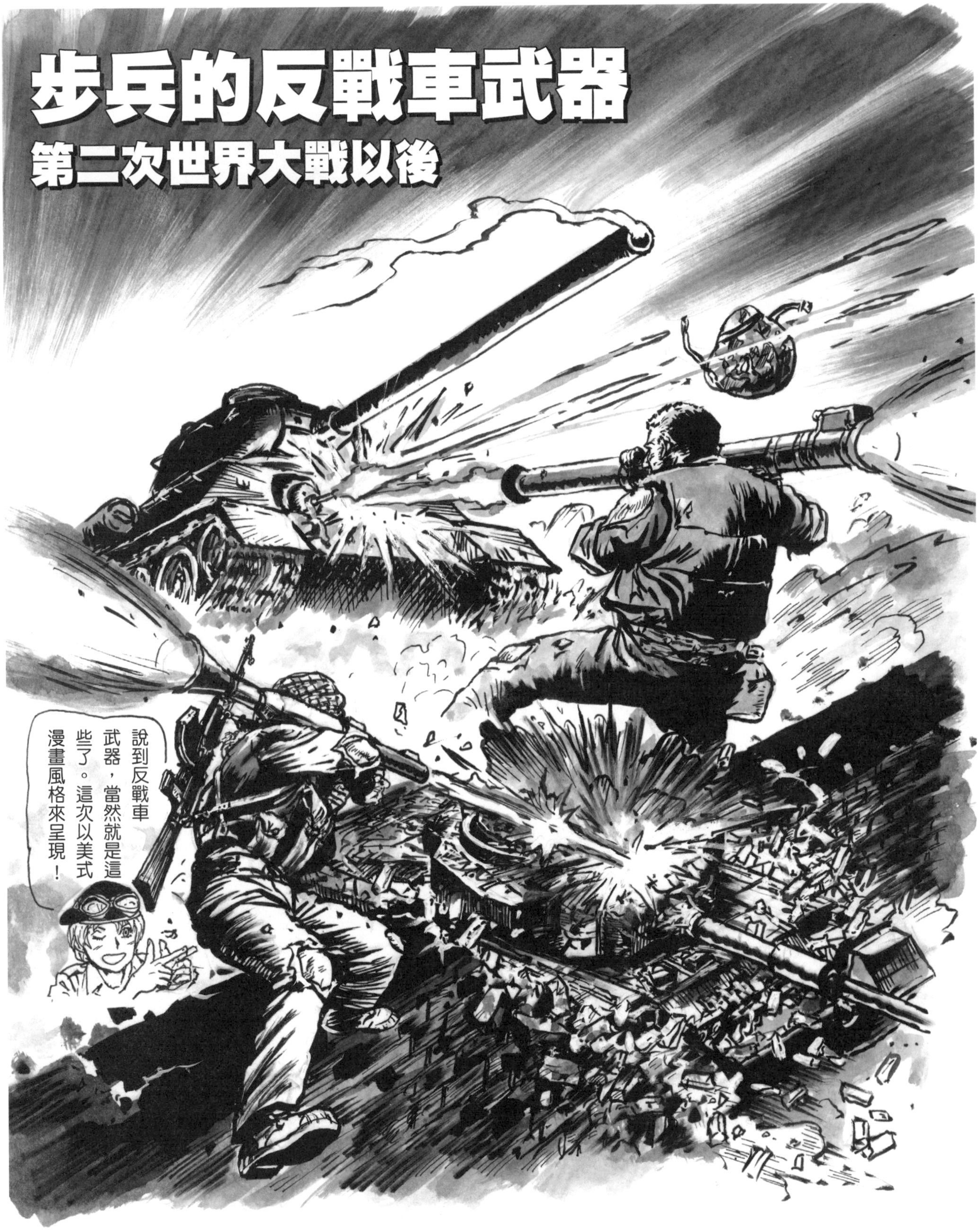
說到反戰車武器，當然就是這些了。這次以美式漫畫風格來呈現！

■火箭發射器與無後座力砲

※無後座力砲的名稱前有★

◎日本陸上自衛隊的反戰車武器

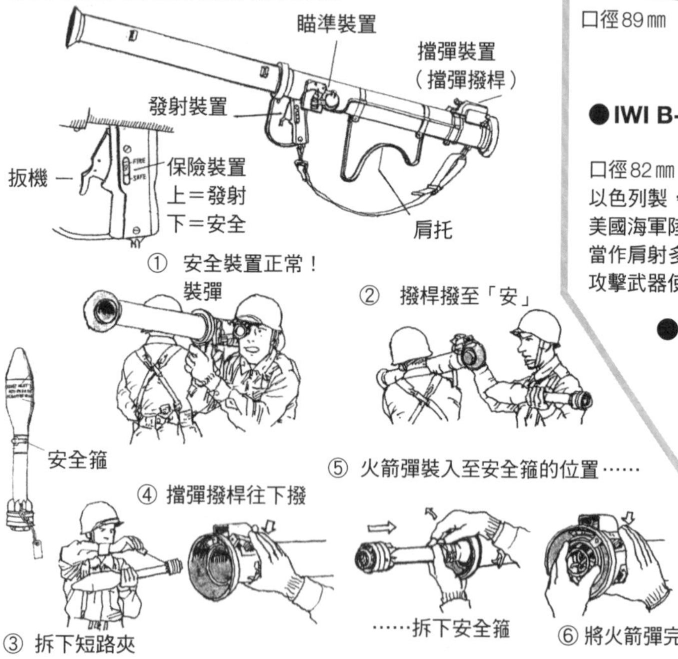
瞄準裝置
擋彈裝置
（擋彈撥桿）
發射裝置
扳機
保險裝置
上＝發射
下＝安全
肩托
① 安全裝置正常！
裝彈
② 撥桿撥至「安」
安全箍
⑤ 火箭彈裝入至安全箍的位置……
④ 擋彈撥桿往下撥
③ 拆下短路夾
……拆下安全箍
⑥ 將火箭彈完全裝入，端子對準溝槽

◎各國的反戰車武器

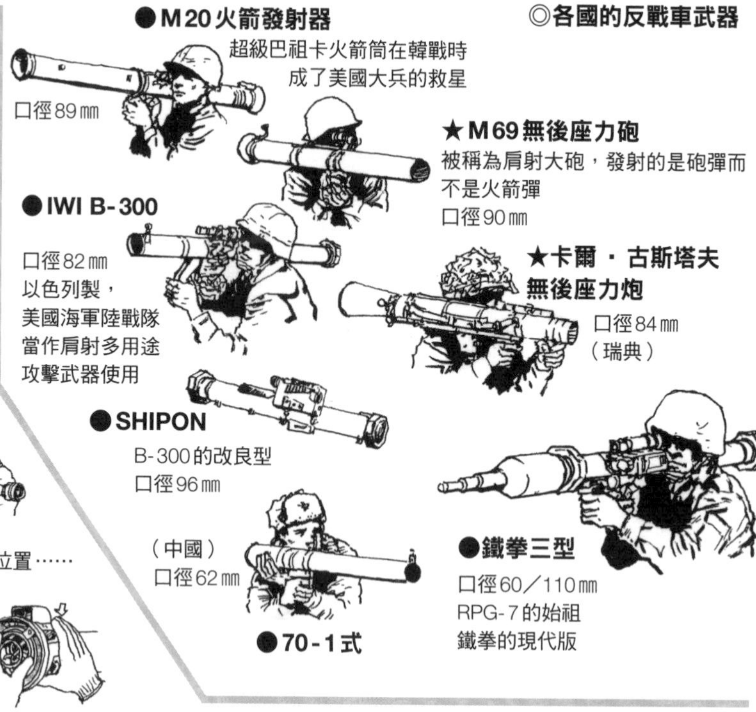
●M20火箭發射器
超級巴祖卡火箭筒在韓戰時
成了美國大兵的救星
口徑89㎜
★M69無後座力砲
被稱為肩射大砲，發射的是砲彈而
不是火箭彈
口徑90㎜
●IWI B-300
口徑82㎜
以色列製，
美國海軍陸戰隊
當作肩射多用途
攻擊武器使用
★卡爾・古斯塔夫
無後座力炮
口徑84㎜
（瑞典）
●SHIPON
B-300的改良型
口徑96㎜
（中國）
口徑62㎜
●70-1式
●鐵拳三型
口徑60／110㎜
RPG-7的始祖
鐵拳的現代版

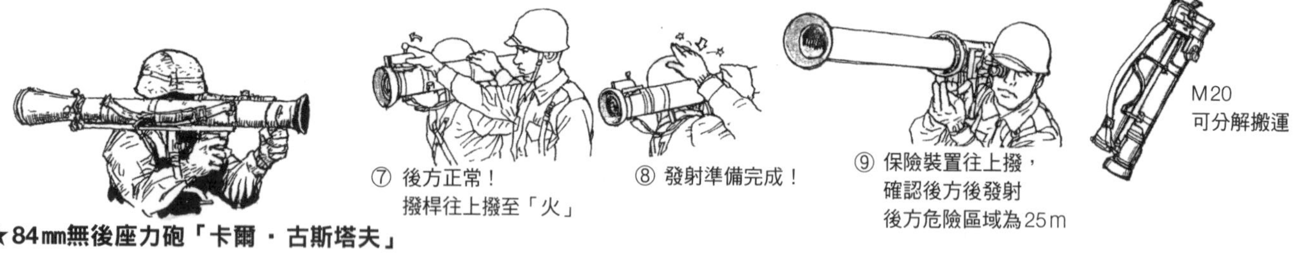
⑦ 後方正常！
撥桿往上撥至「火」
⑧ 發射準備完成！
⑨ 保險裝置往上撥，
確認後方後發射
後方危險區域為25m
M20
可分解搬運
★84㎜無後座力砲「卡爾・古斯塔夫」

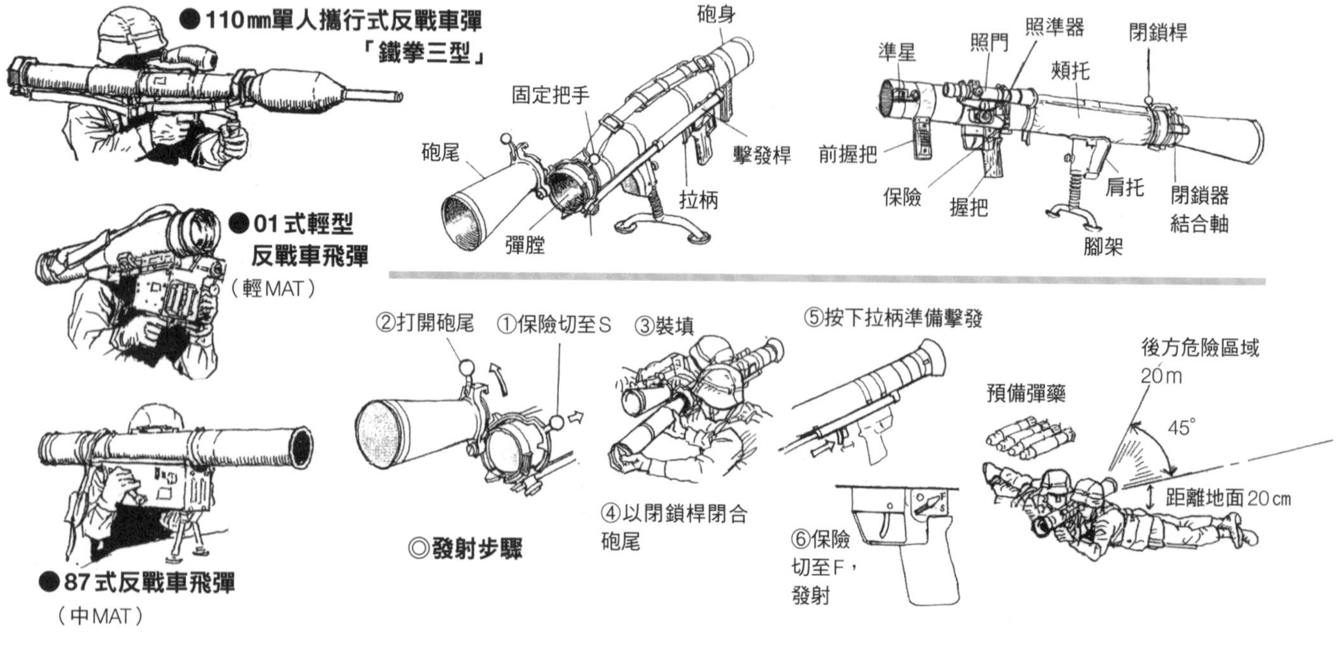
●110㎜單人攜行式反戰車彈
「鐵拳三型」
●01式輕型
反戰車飛彈
（輕MAT）
●87式反戰車飛彈
（中MAT）
砲身
固定把手
砲尾
彈膛
擊發桿
拉柄
準星
照門
照準器
頰托
閉鎖桿
前握把
保險
握把
肩托
閉鎖器
結合軸
腳架
②打開砲尾
①保險切至S
③裝填
⑤按下拉柄準備擊發
④以閉鎖桿閉合
砲尾
⑥保險
切至F，
發射
◎發射步驟
預備彈藥
後方危險區域
20m
45°
距離地面20㎝

■RPG-7火箭發射器

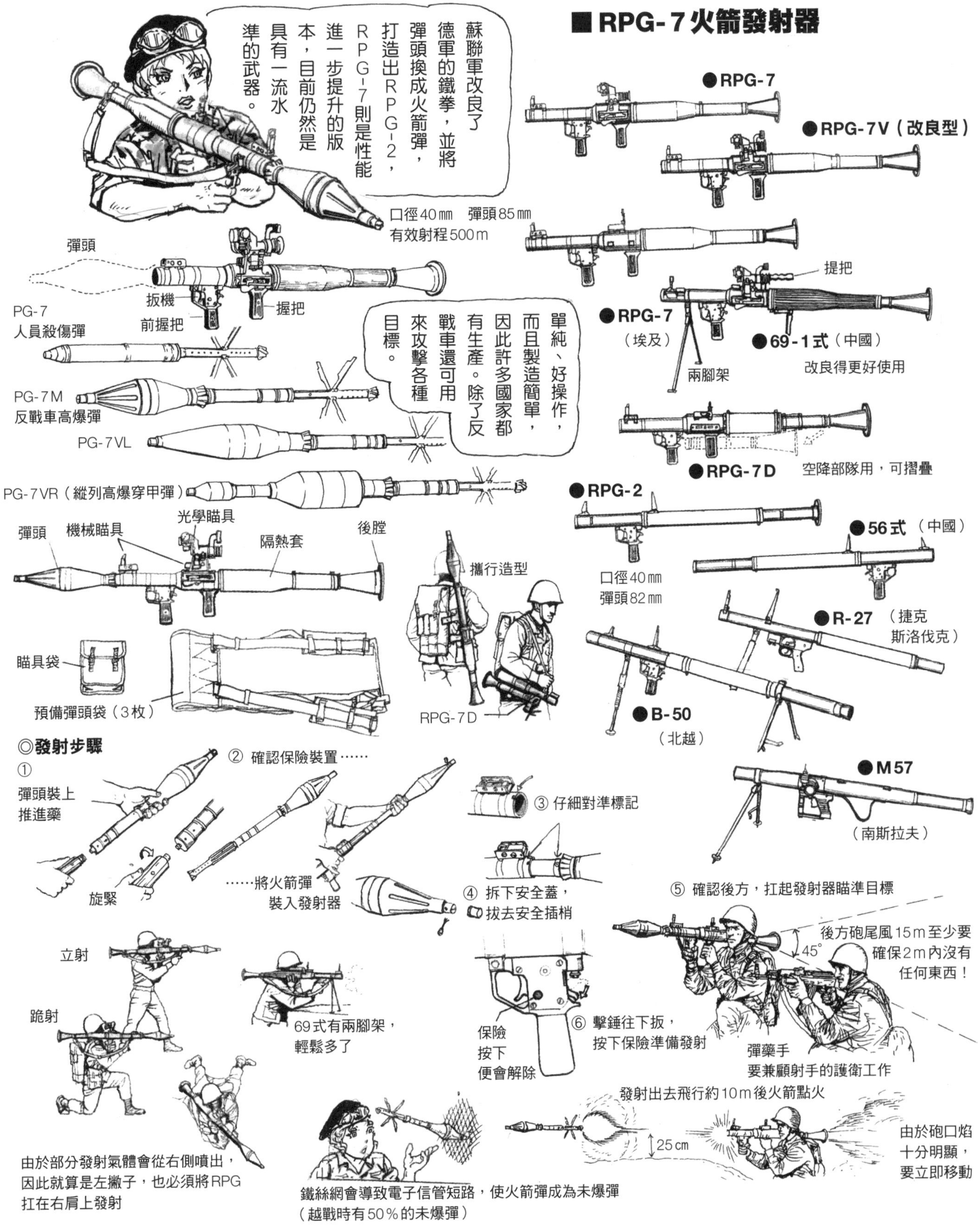

蘇聯軍改良了德軍的鐵拳，並將彈頭換成火箭彈，打造出RPG-2，RPG-7則是性能進一步提升的版本，目前仍然是具有一流水準的武器。
口徑40㎜　彈頭85㎜
有效射程500m
●RPG-7
●RPG-7V（改良型）
提把
●RPG-7
（埃及）
兩腳架
●69-1式（中國）
改良得更好使用
彈頭
扳機
前握把
握把
PG-7
人員殺傷彈
PG-7M
反戰車高爆彈
PG-7VL
PG-7VR（縱列高爆穿甲彈）
單純、好操作，而且製造簡單，因此許多國家都有生產。除了反戰車還可用來攻擊各種目標。
●RPG-7D
空降部隊用，可摺疊
●RPG-2
口徑40㎜
彈頭82㎜
●56式（中國）
彈頭
機械瞄具
光學瞄具
隔熱套
後膛
攜行造型
●R-27（捷克斯洛伐克）
●B-50
（北越）
瞄具袋
預備彈頭袋（3枚）
RPG-7D
◎發射步驟
①
彈頭裝上推進藥
旋緊
② 確認保險裝置……
……將火箭彈裝入發射器
③ 仔細對準標記
④ 拆下安全蓋，拔去安全插梢
●M57
（南斯拉夫）
⑤ 確認後方，扛起發射器瞄準目標
後方砲尾風15m至少要確保2m內沒有任何東西！
45°
立射
跪射
69式有兩腳架，輕鬆多了
保險
按下
便會解除
⑥ 擊錘往下扳，按下保險準備發射
彈藥手
要兼顧射手的護衛工作
發射出去飛行約10m後火箭點火
25㎝
由於砲口焰十分明顯，要立即移動
由於部分發射氣體會從右側噴出，因此就算是左撇子，也必須將RPG扛在右肩上發射
鐵絲網會導致電子信管短路，使火箭彈成為未爆彈
（越戰時有50%的未爆彈）

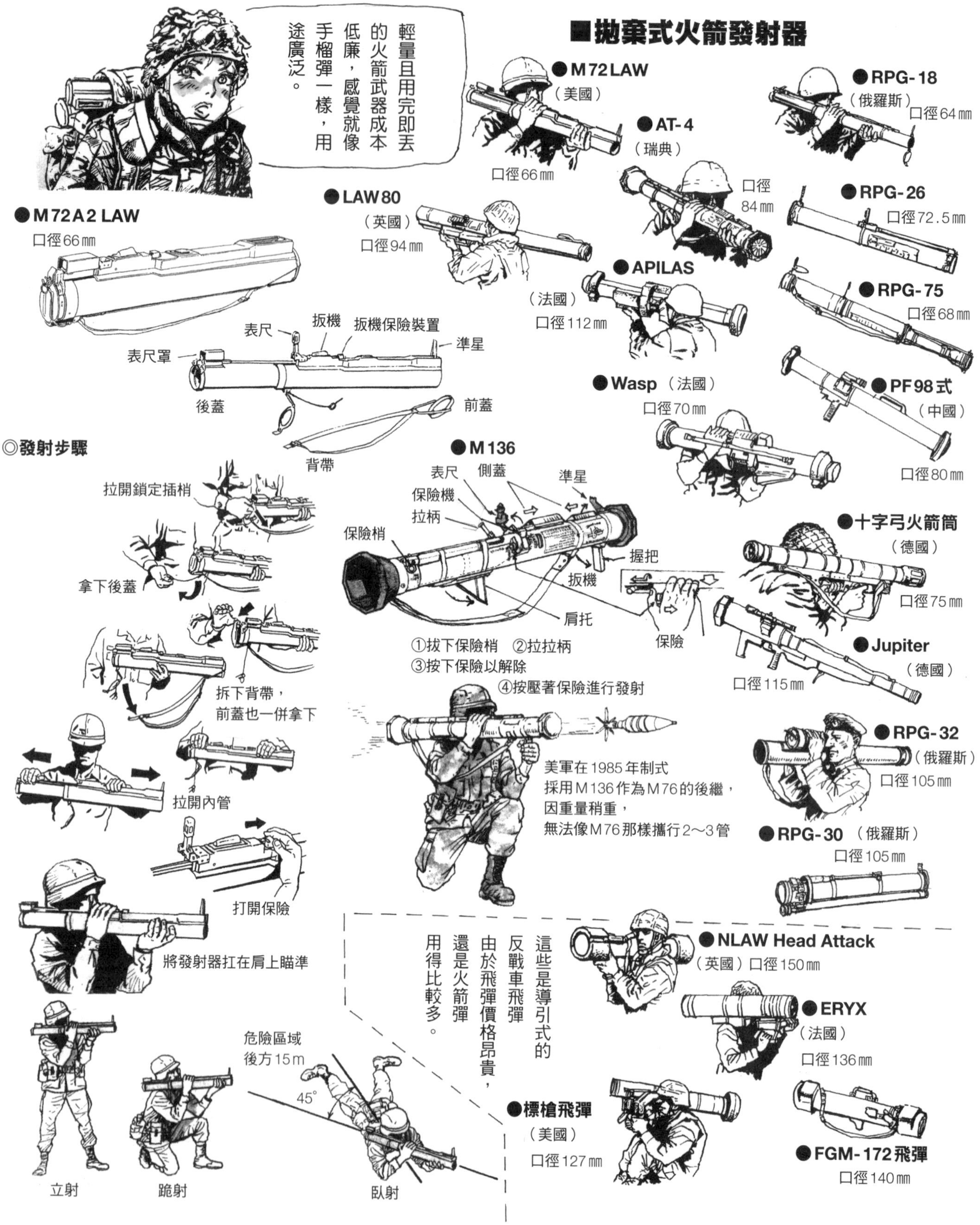
輕量且用完即丟的火箭武器成本低廉，感覺就像手榴彈一樣，用途廣泛。
■拋棄式火箭發射器
●M72 LAW
（美國）
口徑66㎜
●AT-4
（瑞典）
口徑84㎜
●RPG-18
（俄羅斯）
口徑64㎜
●M72A2 LAW
口徑66㎜
●LAW80
（英國）
口徑94㎜
●RPG-26
口徑72.5㎜
●APILAS
（法國）
口徑112㎜
●RPG-75
口徑68㎜
表尺
扳機
扳機保險裝置
準星
表尺罩
後蓋
前蓋
背帶
●Wasp（法國）
口徑70㎜
●PF98式
（中國）
口徑80㎜
◎發射步驟
拉開鎖定插梢
拿下後蓋
拆下背帶，
前蓋也一併拿下
拉開內管
打開保險
將發射器扛在肩上瞄準
立射
跪射
臥射
危險區域
後方15m
45°
●M136
表尺
側蓋
保險機
拉柄
準星
保險梢
握把
扳機
肩托
保險
①拔下保險梢 ②拉拉柄
③按下保險以解除
④按壓著保險進行發射
美軍在1985年制式
採用M136作為M76的後繼，
因重量稍重，
無法像M76那樣攜行2～3管
●十字弓火箭筒
（德國）
口徑75㎜
●Jupiter
（德國）
口徑115㎜
●RPG-32
（俄羅斯）
口徑105㎜
●RPG-30（俄羅斯）
口徑105㎜
這些是導引式的反戰車飛彈
由於飛彈價格昂貴，
還是火箭彈
用得比較多。
●NLAW Head Attack
（英國）口徑150㎜
●ERYX
（法國）
口徑136㎜
●標槍飛彈
（美國）
口徑127㎜
●FGM-172飛彈
口徑140㎜

反戰車飛彈

以色列第14裝甲旅的慘痛教訓

第二次世界大戰結束一段時間後，飛彈加入了步兵用反戰車武器的行列。反戰車飛彈起初是由射手以有線方式導引，但現在已經有了瞄準好發射之後，便會自動追蹤命中目標的類型。

■反戰車飛彈的登場

對步兵而言，最稱得上坦克殺手的武器就是反戰車飛彈。

反戰車飛彈具備成形裝藥彈頭，而且可以導引的這項優點是火箭彈所沒有的，因此飛彈能確實鎖定戰車，予以擊破。

初期的飛彈因成本昂貴，有許多質疑其實用性的聲浪，但在1973年第4次中東戰爭中的表現使其評價為之一變。

埃及軍使用的AT-3薩格爾反戰車飛彈擊破了所向披靡的以色列戰車部隊，令全世界的軍事相關人士大為震撼，一時之間甚至出現了戰車無用論的看法。

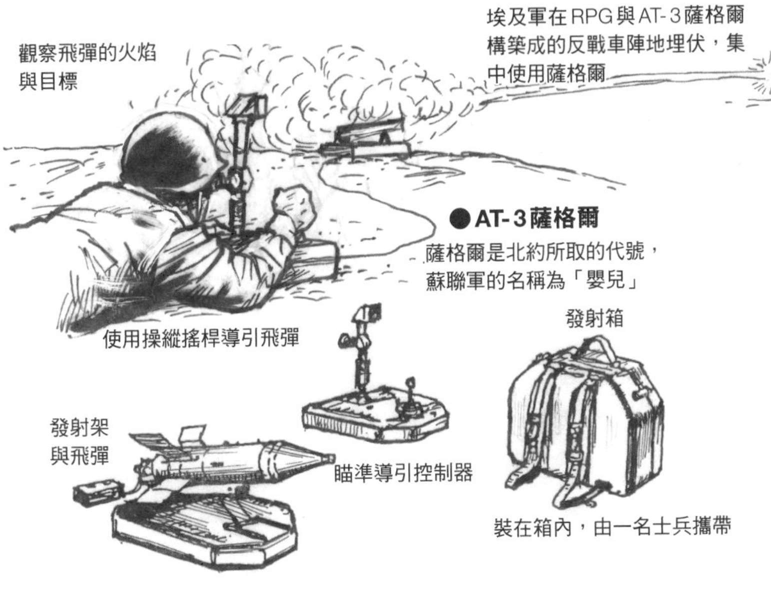
埃及軍在RPG與AT-3薩格爾構築成的反戰車陣地埋伏，集中使用薩格爾
觀察飛彈的火焰與目標
●AT-3薩格爾
薩格爾是北約所取的代號，蘇聯軍的名稱為「嬰兒」
使用操縱搖桿導引飛彈
發射箱
發射架與飛彈
瞄準導引控制器
裝在箱內，由一名士兵攜帶

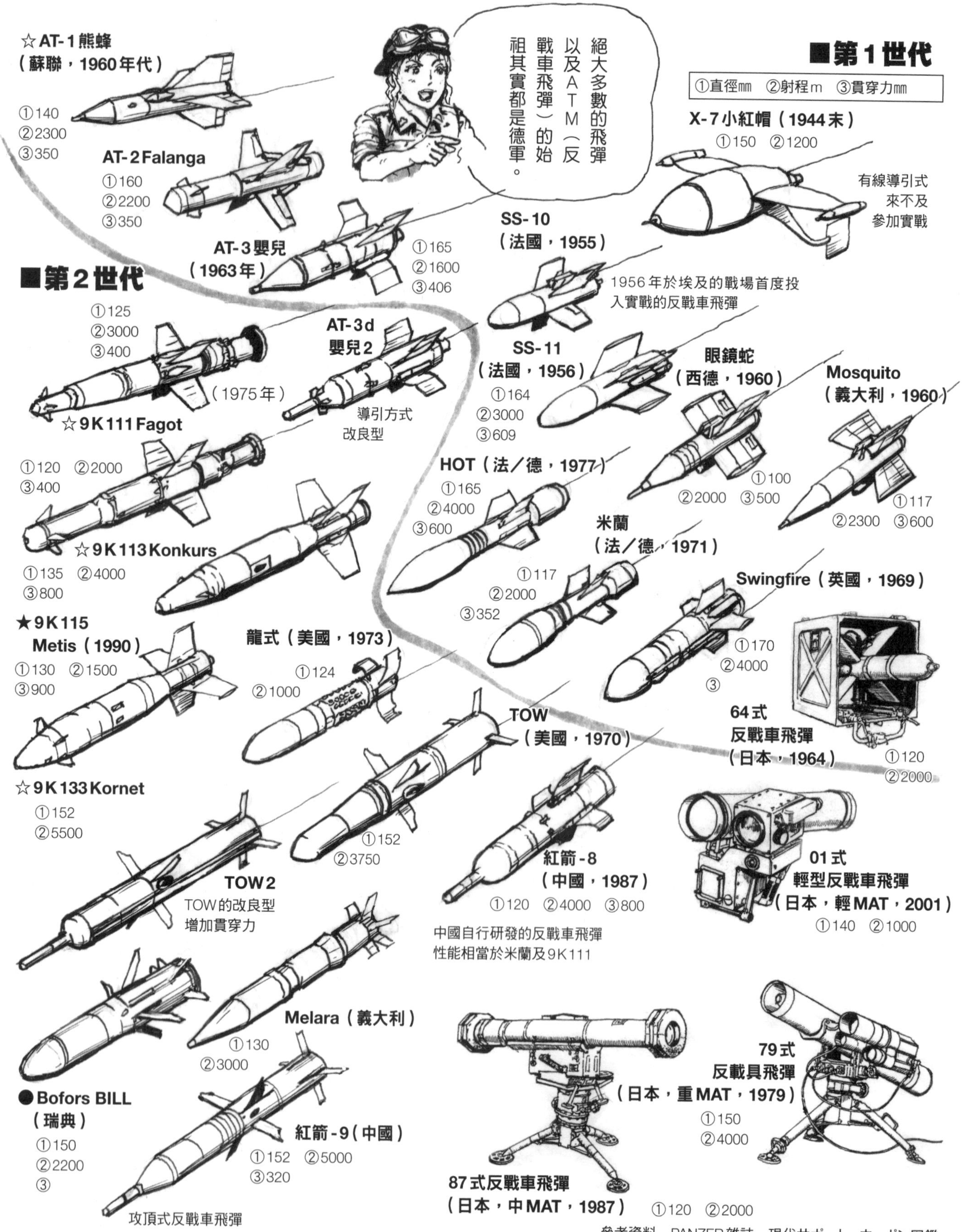
絕大多數的飛彈以及ATM（反戰車飛彈）的始祖其實都是德軍。
■第1世代
①直徑㎜　②射程m　③貫穿力㎜
X-7小紅帽（1944末）
①150　②1200
有線導引式來不及參加實戰
SS-10
（法國，1955）
1956年於埃及的戰場首度投入實戰的反戰車飛彈
SS-11
（法國，1956）
①164
②3000
③609
眼鏡蛇
（西德，1960）
①100
②2000　③500
Mosquito
（義大利，1960）
①117
②2300　③600
☆AT-1熊蜂
（蘇聯，1960年代）
①140
②2300
③350
AT-2 Falanga
①160
②2200
③350
AT-3嬰兒
（1963年）
①165
②1600
③406
■第2世代
①125
②3000
③400
AT-3d
嬰兒2
（1975年）
導引方式改良型
☆9K111 Fagot
①120　②2000
③400
☆9K113 Konkurs
①135　②4000
③800
★9K115
Metis（1990）
①130　②1500
③900
☆9K133 Kornet
①152
②5500
HOT（法／德，1977）
①165
②4000
③600
米蘭
（法／德，1971）
①117
②2000
③352
Swingfire（英國，1969）
①170
②4000
③
64式
反戰車飛彈
（日本，1964）
①120
②2000
龍式（美國，1973）
①124
②1000
TOW
（美國，1970）
①152
②3750
TOW2
TOW的改良型
增加貫穿力
紅箭-8
（中國，1987）
①120　②4000　③800
中國自行研發的反戰車飛彈
性能相當於米蘭及9K111
01式
輕型反戰車飛彈
（日本，輕MAT，2001）
①140　②1000
Melara（義大利）
①130
②3000
●Bofors BILL
（瑞典）
①150
②2200
③
紅箭-9（中國）
①152　②5000
③320
攻頂式反戰車飛彈
79式
反載具飛彈
（日本，重MAT，1979）
①150
②4000
87式反戰車飛彈
（日本，中MAT，1987）
①120　②2000

參考資料　PANZER雜誌、現代サポート・ウェポン図鑑

■反戰車飛彈（ATM）的演進

看到了AT-3的表現後，各國爭相投入反戰車飛彈的研發
以下便是反戰車飛彈各世代的演變

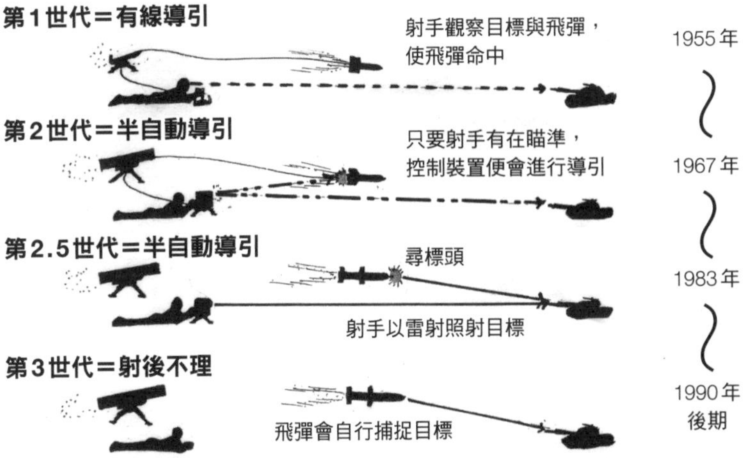
第1世代＝有線導引
射手觀察目標與飛彈，
使飛彈命中
1955年
第2世代＝半自動導引
只要射手有在瞄準，
控制裝置便會進行導引
1967年
第2.5世代＝半自動導引
尋標頭
射手以雷射照射目標
1983年
第3世代＝射後不理
飛彈會自行捕捉目標
1990年
後期

反戰車飛彈的射程增加，命中率也提升，做到了一擊必中

○**龍式**

美軍長年做為中射程反戰車飛彈使用，後來更換為標槍飛彈

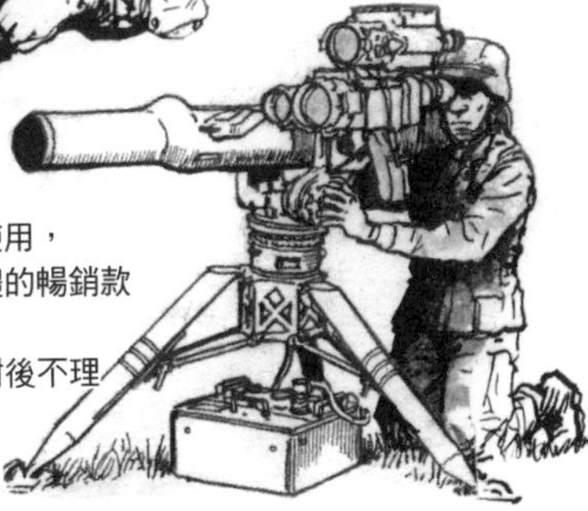

○**TOW**

於世界各國使用，
經過實戰洗禮的暢銷款
反戰車飛彈
並有改良為射後不理
的計畫

○**Bofors反戰車飛彈**

攻頂式彈頭的成形裝藥會產生30度向下噴出的噴流

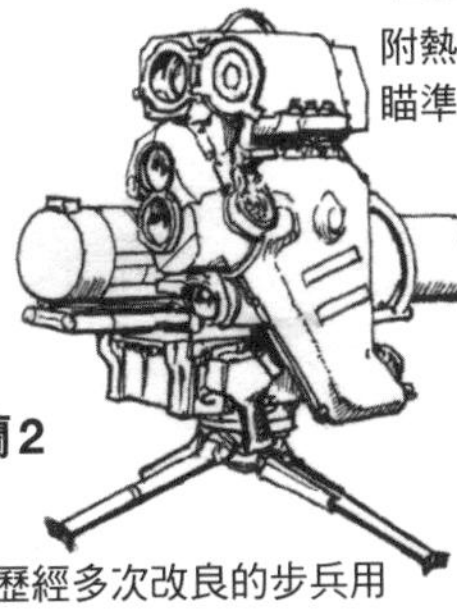

附熱像儀
瞄準器

○**米蘭2**

歷經多次改良的步兵用
反戰車飛彈

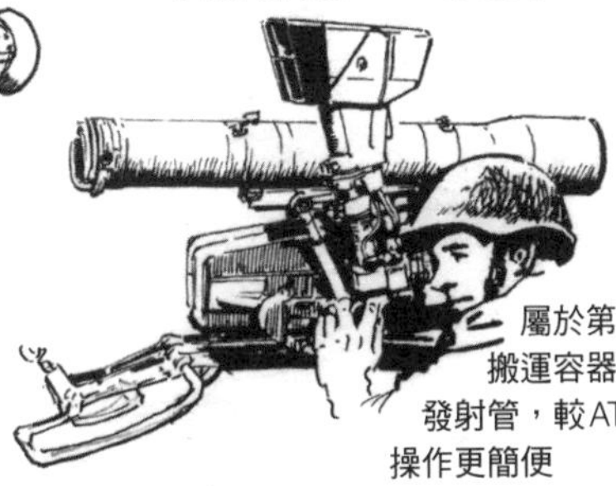

○**9M113 Konkurs**
（北約代號AT-5拱肩）

屬於第2世代，
搬運容器可變作
發射管，較AT-3
操作更簡便

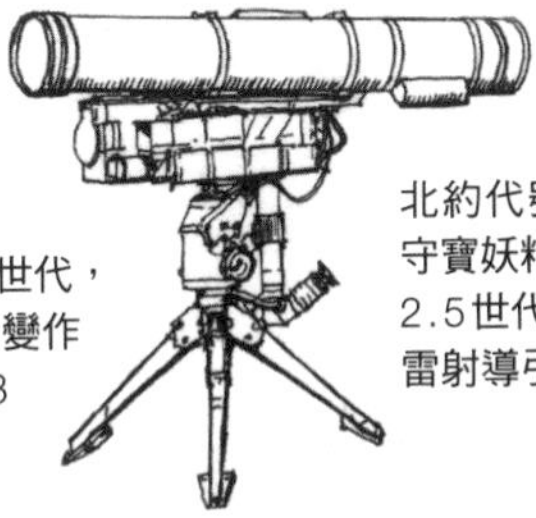

○**9K133 Kornet**

北約代號AT-14
守寶妖精
2.5世代
雷射導引

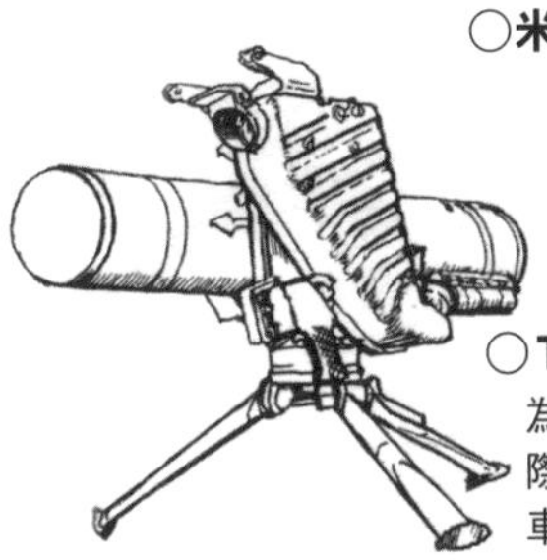

○**Trigat**

為取代米蘭，由國
際合作研發的反戰
車飛彈

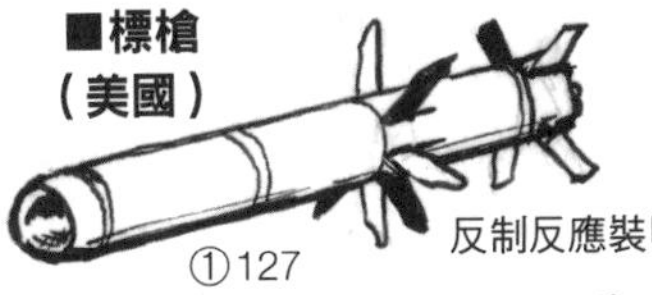

■**標槍**
（美國）

反制反應裝甲

①127
②2500

○**標槍**

發射管為拋棄式

■**FGM-172飛彈**
（美國，2002）

①140
②600

FGM-172及ERYX的發射方式為軟
發射，因此在狹窄空間也能發射

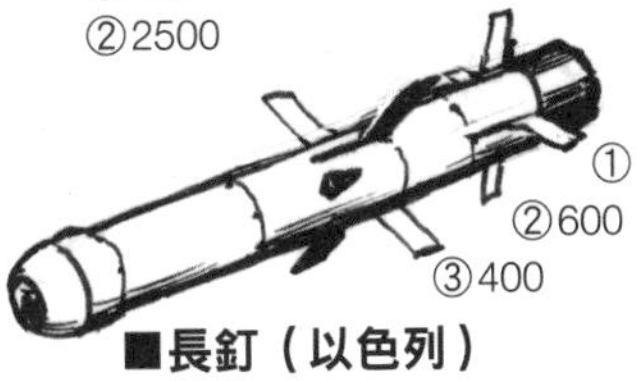

①136
②600
③400

■**長釘（以色列）**

①115
②4000

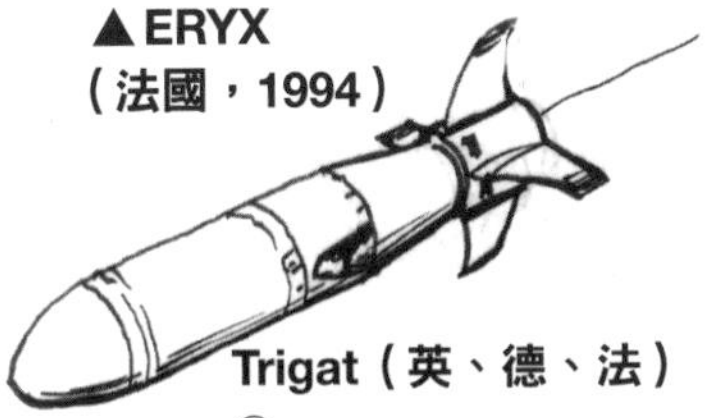

▲**ERYX**
（法國，1994）

Trigat（英、德、法）

①
②2000

■**Fire-and-forget**

射後不理式反戰車飛彈

許多最新的反戰車飛彈皆未公開其貫穿力

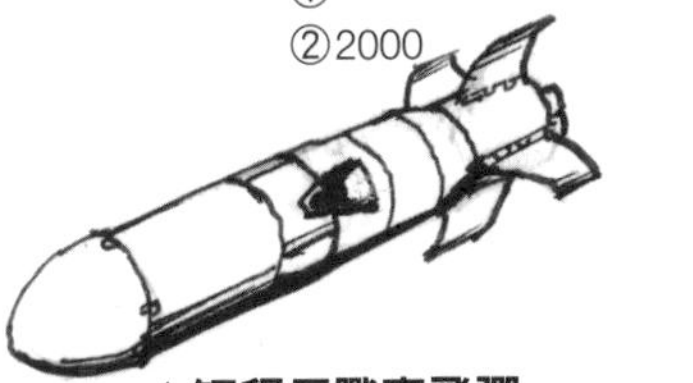

▲**短程反戰車飛彈**

面對現代戰車的裝甲，
增強了成形裝藥的大口徑反戰車飛彈

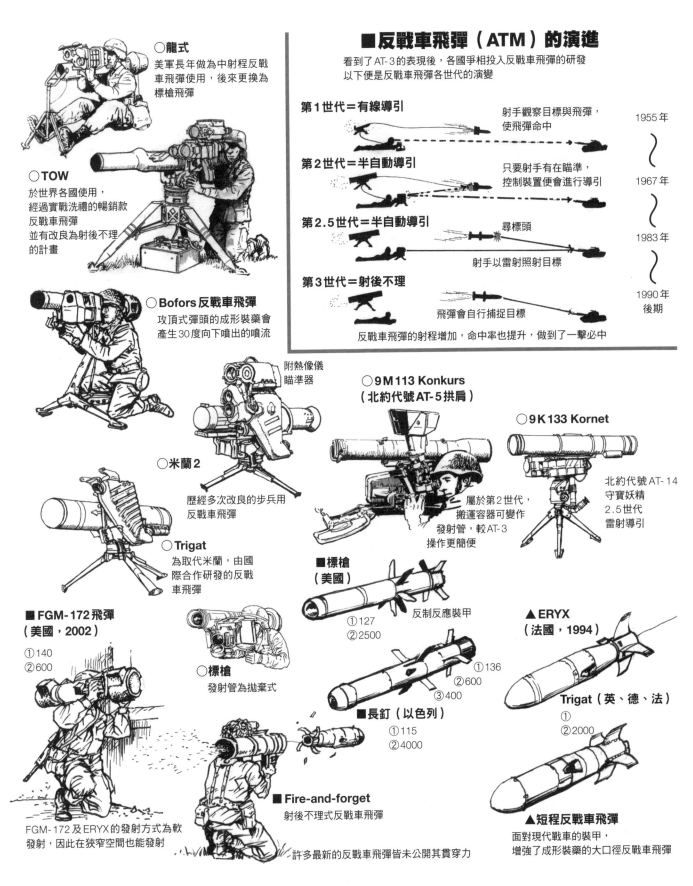

■矛與盾

戰車與反戰車武器的你來我往

配備裙甲
防範瞄準弱點攻擊的
反戰車步槍
反戰車步槍
以抗磁性塗層反制吸附式地雷
裝甲加厚的
重戰車
增加裝甲因應
大口徑化的
反戰車砲
裝上了彈簧床墊的
T34
德軍強大的反戰車砲讓M4雪曼苦於應對
在太平洋戰場
用重裝備
因應日軍的
肉搏攻擊
裝上沙包
裝上備用履帶
鐵拳
RPG7
●戰車的裝甲板
○一般裝甲
難以抵擋成形裝藥
○中空裝甲
主裝甲板之間空出一小
段距離以減輕貫穿力
安裝了查布罕裝甲
（複合裝甲的一種）
的戰車
○ERA
反應裝甲
藉由讓充填了炸藥的
金屬板爆炸，降低
成形裝藥彈的威力
○複合裝甲
夾入陶瓷及碳等
耐熱材質
在城鎮戰中
遭受了許多損失的
以色列及俄羅斯戰車
以使用反應裝甲
（ERA）為主
BILL2
●攻頂式反戰車飛彈
針對裝甲較薄弱的戰車頂部
進行攻擊
瑞典的BILL及美國的標槍、
FGM-172都是採用這種方式攻擊。
這對於碉堡內的步兵也很有效
BILL1
主要用於防禦
RPG的柵欄裝甲
●最新的主動防禦系統（APS）
①以雷達偵側飛彈或火箭彈
20m
②發射自鍛破片彈，以其破片破壞飛彈
M1也會於
側裙安裝反應裝甲
以因應城鎮戰

反戰車砲是對抗戰車的手段之一，各國在當時研發出了多種反戰車砲。其中，德國使用了錐膛炮管的反戰車砲更是引人矚目。這個單元要介紹的便是各國的反戰車砲及其陣地。

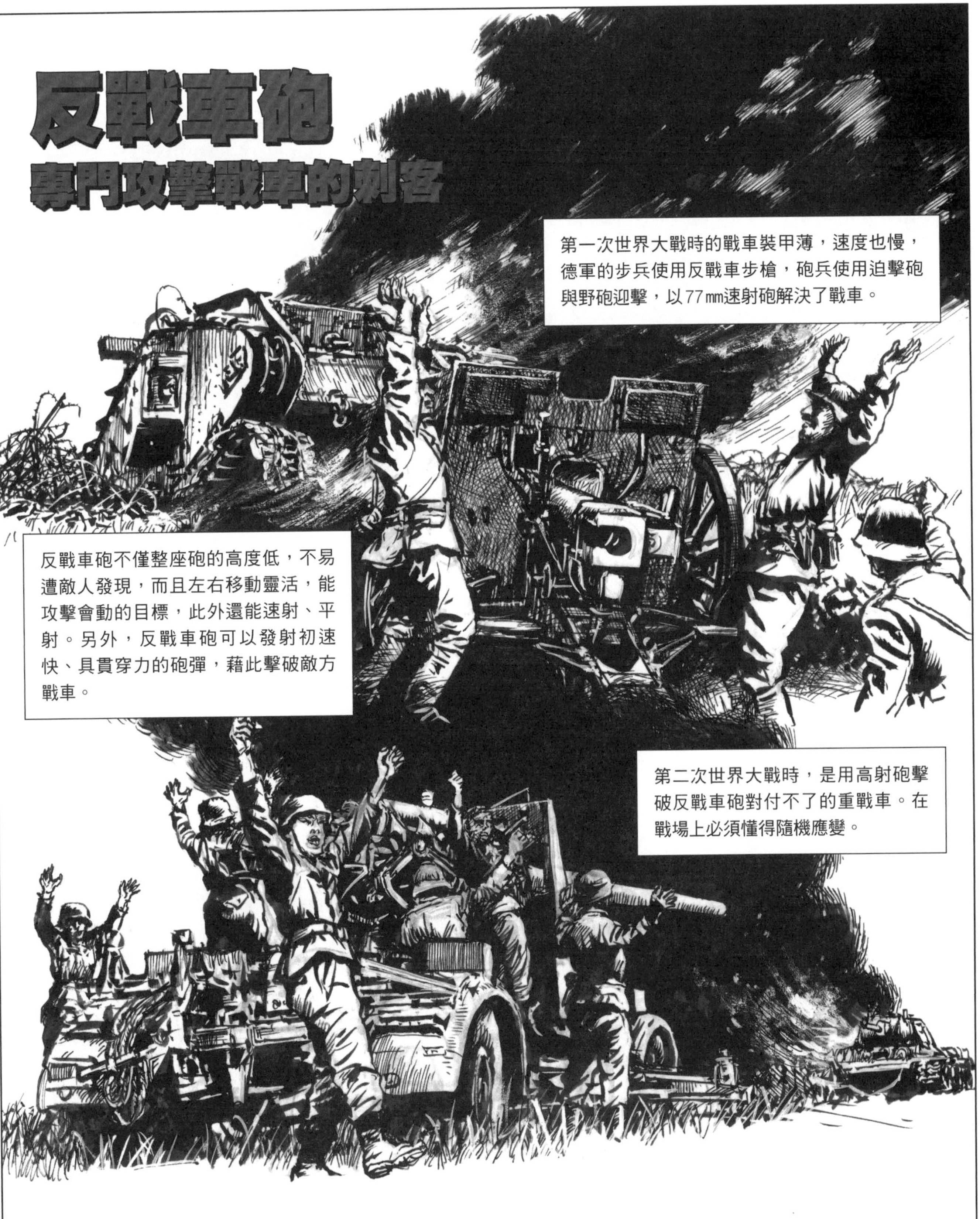
反戰車砲
專門攻擊戰車的刺客
第一次世界大戰時的戰車裝甲薄，速度也慢，德軍的步兵使用反戰車步槍，砲兵使用迫擊砲與野砲迎擊，以77㎜速射砲解決了戰車。
反戰車砲不僅整座砲的高度低，不易遭敵人發現，而且左右移動靈活，能攻擊會動的目標，此外還能速射、平射。另外，反戰車砲可以發射初速快、具貫穿力的砲彈，藉此擊破敵方戰車。
第二次世界大戰時，是用高射砲擊破反戰車砲對付不了的重戰車。在戰場上必須懂得隨機應變。

第一次世界大戰時的反戰車戰讓德國吃到了苦頭，因此德國在反戰車砲的發展上領先各國。萊茵金屬公司在1934年研發出的37㎜砲成了各國反戰車砲的範本

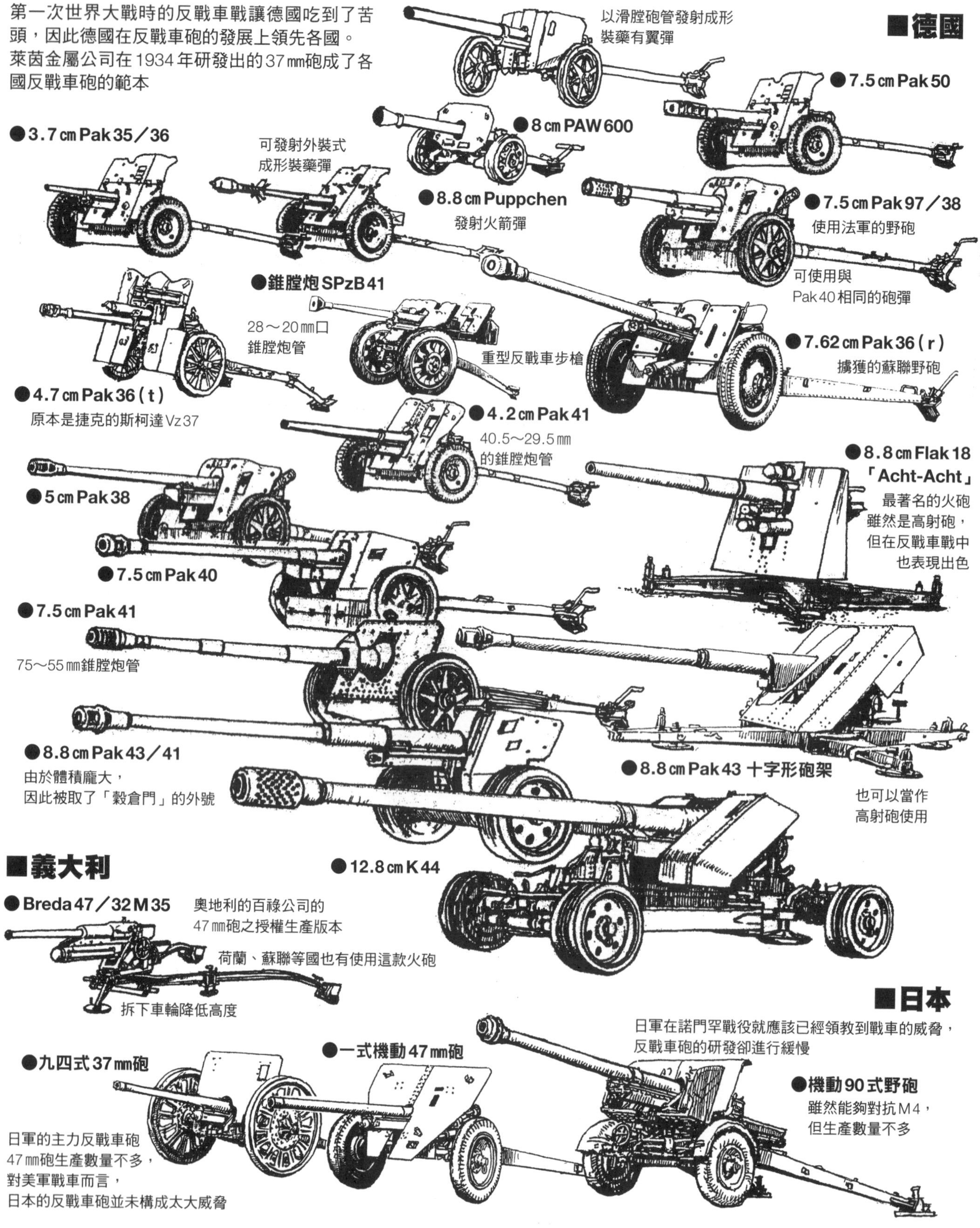
■德國
以滑膛砲管發射成形裝藥有翼彈
●7.5㎝Pak50
●8㎝PAW600
●3.7㎝Pak35／36
可發射外裝式成形裝藥彈
●8.8㎝Puppchen
發射火箭彈
●7.5㎝Pak97／38
使用法軍的野砲
●錐膛炮SPzB41
可使用與Pak40相同的砲彈
28～20㎜口錐膛炮管
重型反戰車步槍
●7.62㎝Pak36(r)
擄獲的蘇聯野砲
●4.7㎝Pak36(t)
原本是捷克的斯柯達Vz37
●4.2㎝Pak41
40.5～29.5㎜的錐膛炮管
●8.8㎝Flak18「Acht-Acht」
最著名的火砲
雖然是高射砲，但在反戰車戰中也表現出色
●5㎝Pak38
●7.5㎝Pak40
●7.5㎝Pak41
75～55㎜錐膛炮管
●8.8㎝Pak43／41
由於體積龐大，因此被取了「穀倉門」的外號
●8.8㎝Pak43 十字形砲架
也可以當作高射砲使用
■義大利
●12.8㎝K44
●Breda47／32M35
奧地利的百祿公司的47㎜砲之授權生產版本
荷蘭、蘇聯等國也有使用這款火砲
拆下車輪降低高度
■日本
日軍在諾門罕戰役就應該已經領教到戰車的威脅，反戰車砲的研發卻進行緩慢
●九四式37㎜砲
●一式機動47㎜砲
●機動90式野砲
雖然能夠對抗M4，但生產數量不多
日軍的主力反戰車砲47㎜砲生產數量不多，對美軍戰車而言，日本的反戰車砲並未構成太大威脅

※所謂的「錐膛砲管」是指砲管往砲口逐漸變細的設計，這使得砲彈承受到發射的壓力，離開砲口時只剩下彈芯。雖然承受了巨大能量的砲彈速度快、裝甲貫穿力高，但因無法生產鎢硬芯彈，每一款砲的製造數量都不多。

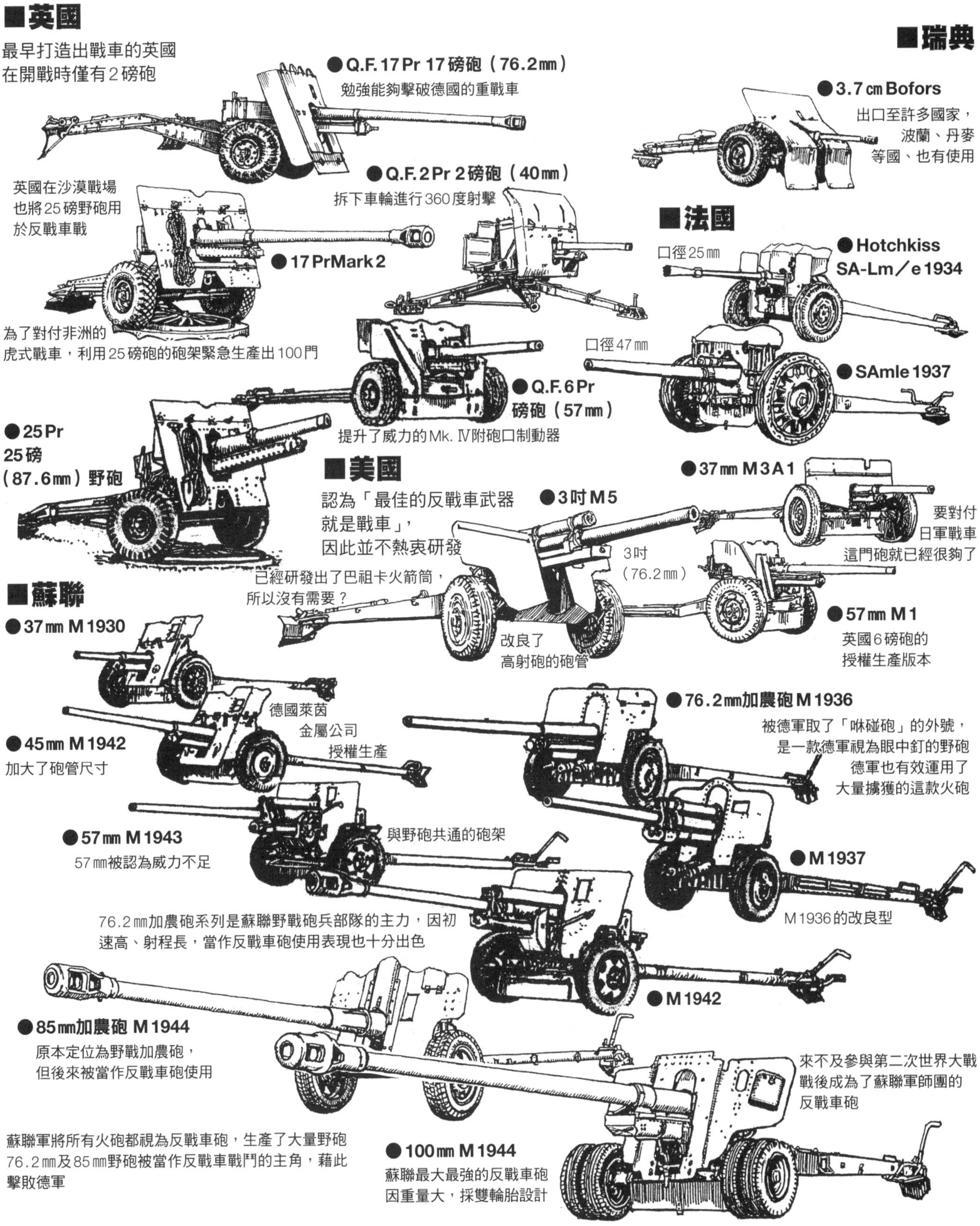

■英國
最早打造出戰車的英國
在開戰時僅有2磅砲
●Q.F.17Pr 17磅砲（76.2㎜）
勉強能夠擊破德國的重戰車
英國在沙漠戰場
也將25磅野砲用
於反戰車戰
●Q.F.2Pr 2磅砲（40㎜）
拆下車輪進行360度射擊
●17PrMark2
為了對付非洲的
虎式戰車，利用25磅砲的砲架緊急生產出100門
●Q.F.6Pr
磅砲（57㎜）
提升了威力的Mk. Ⅳ附砲口制動器
●25Pr
25磅
（87.6㎜）野砲
■瑞典
●3.7㎝Bofors
出口至許多國家，
波蘭、丹麥
等國、也有使用
■法國
口徑25㎜
●Hotchkiss
SA-Lm／e1934
口徑47㎜
●SAmle1937
■美國
認為「最佳的反戰車武器
就是戰車」，
因此並不熱衷研發
●3吋M5
3吋
（76.2㎜）
已經研發出了巴祖卡火箭筒，
所以沒有需要？
改良了
高射砲的砲管
●37㎜ M3A1
要對付
日軍戰車
這門砲就已經很夠了
●57㎜ M1
英國6磅砲的
授權生產版本
■蘇聯
●37㎜ M1930
德國萊茵
金屬公司
授權生產
●45㎜ M1942
加大了砲管尺寸
●57㎜ M1943
57㎜被認為威力不足
與野砲共通的砲架
●76.2㎜加農砲M1936
被德軍取了「咻碰砲」的外號，
是一款德軍視為眼中釘的野砲
德軍也有效運用了
大量擄獲的這款火砲
●M1937
M1936的改良型
76.2㎜加農砲系列是蘇聯野戰砲兵部隊的主力，因初
速高、射程長，當作反戰車砲使用表現也十分出色
●M1942
●85㎜加農砲 M1944
原本定位為野戰加農砲，
但後來被當作反戰車砲使用
來不及參與第二次世界大戰
戰後成為了蘇聯軍師團的
反戰車砲
蘇聯軍將所有火砲都視為反戰車砲，生產了大量野砲
76.2㎜及85㎜野砲被當作反戰車戰鬥的主角，藉此
擊敗德軍
●100㎜ M1944
蘇聯最大最強的反戰車砲
因重量大，採雙輪胎設計

■反戰車砲陣地

戰車之敵──反戰車砲會躲藏起來，
瞄準戰車的弱點進行攻擊。
由於反戰車砲本身的防禦
力薄弱，因此陣地的
建立格外重要

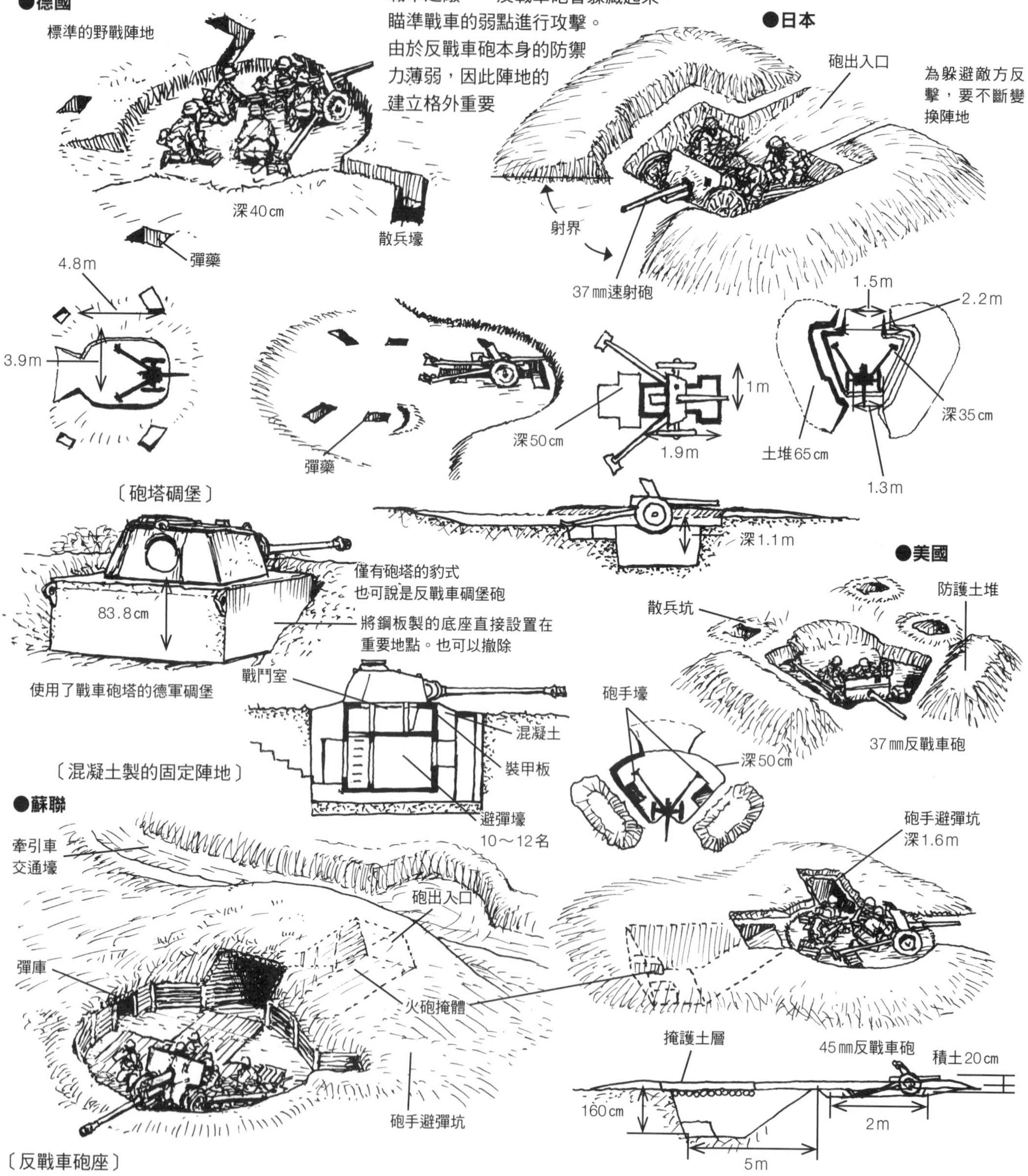
●德國
標準的野戰陣地
深40cm
散兵壕
彈藥
4.8m
3.9m
彈藥
●日本
砲出入口
為躲避敵方反
擊，要不斷變
換陣地
射界
37㎜速射砲
1.5m
2.2m
1m
深50cm
1.9m
土堆65cm
深35cm
1.3m
深1.1m
〔砲塔碉堡〕
83.8cm
僅有砲塔的豹式
也可說是反戰車碉堡砲
將鋼板製的底座直接設置在
重要地點。也可以撤除
使用了戰車砲塔的德軍碉堡
戰鬥室
混凝土
裝甲板
避彈壕
10～12名
〔混凝土製的固定陣地〕
●美國
散兵坑
防護土堆
37㎜反戰車砲
砲手壕
深50cm
●蘇聯
牽引車
交通壕
砲出入口
彈庫
火砲掩體
砲手避彈坑
砲手避彈坑
深1.6m
掩護土層
45㎜反戰車砲
積土20cm
160cm
2m
5m

〔反戰車砲座〕
為便於移動，下方鋪有木板，上方覆蓋了偽裝網。大型反戰車砲由於不易移動，進行防衛戰時會建造堅固的掩體，並組成砲列以相互支援（庫斯克會戰等）。

第4章

吾師小松崎茂筆下的世界

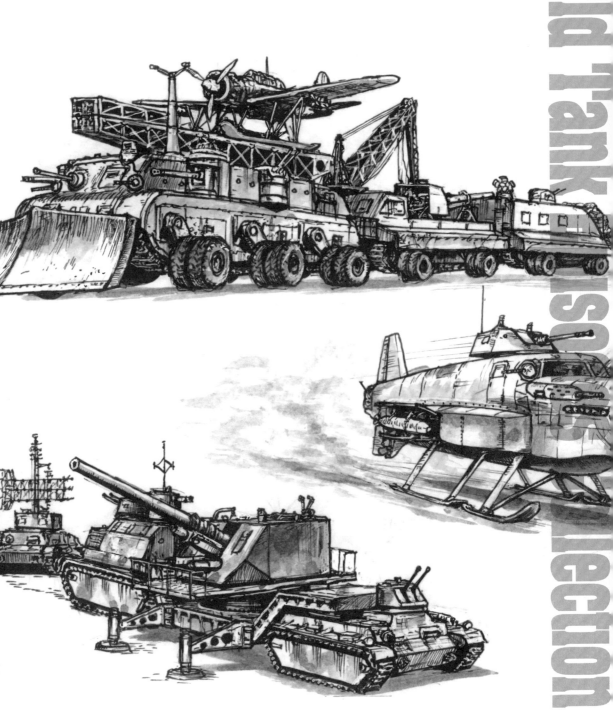

World Tank Collection

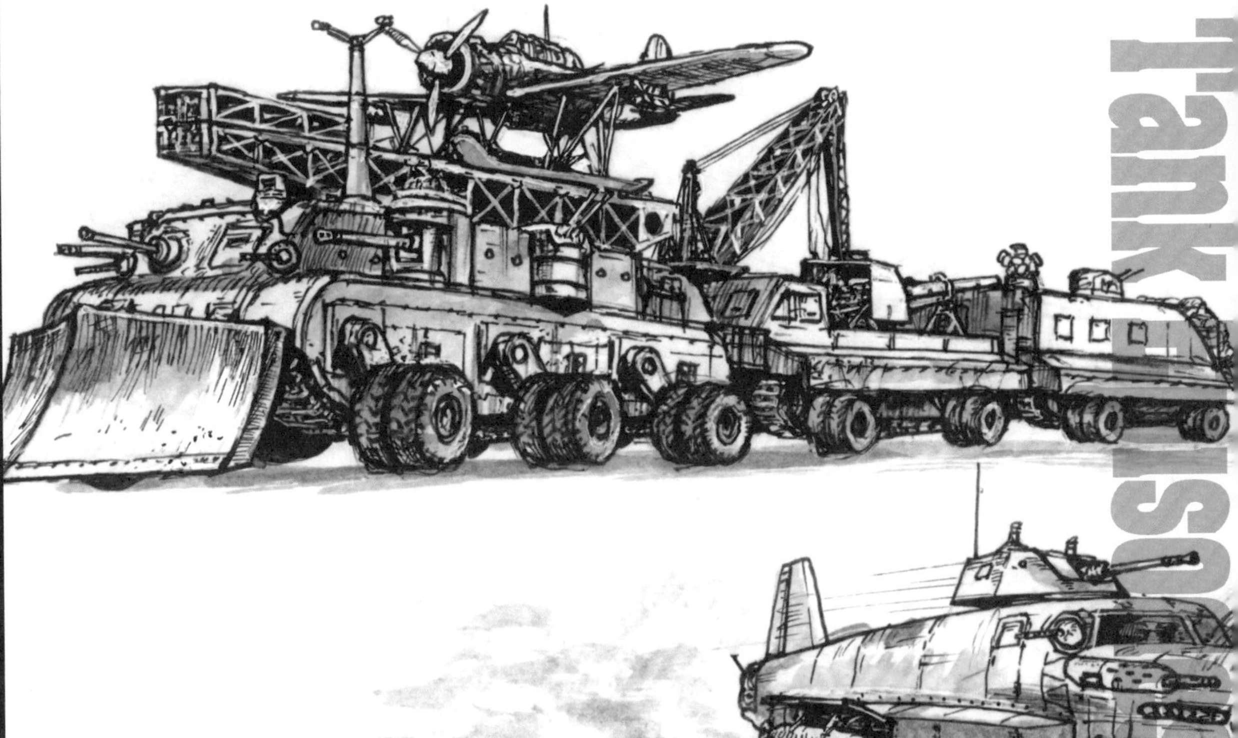

吾師小松崎茂筆下的世界

●老師在他的畫冊《ロマンとの遭遇》（国書刊行会）上寫給我的簽名。要是當初有拿更多作品請他簽名就好了……（上田）

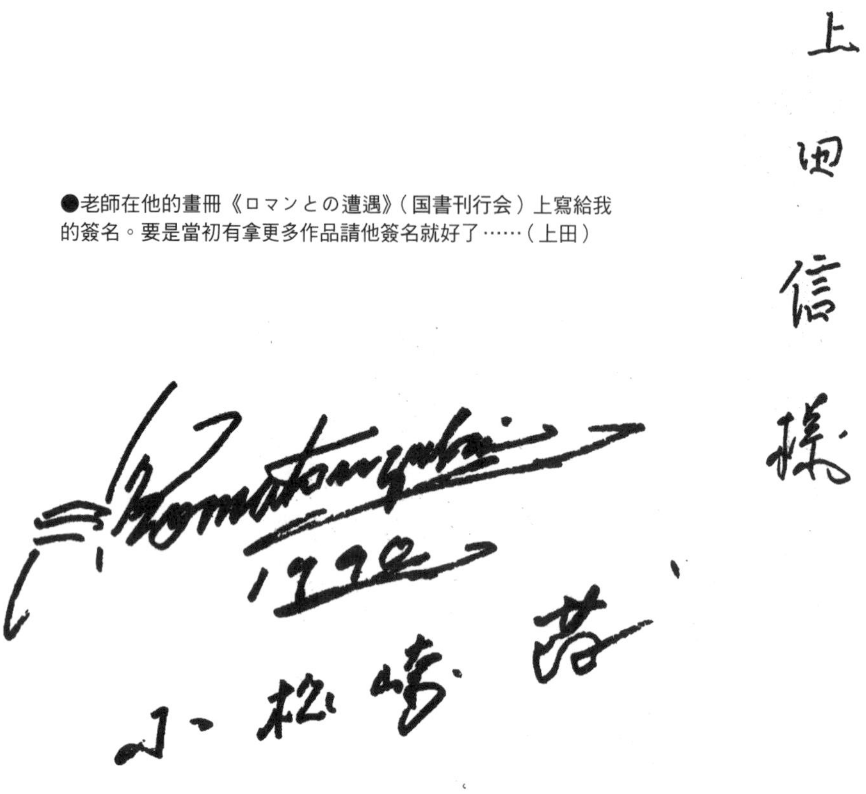

提到本書的作者上田信先生，他身為軍事插畫家的先驅這件事自然為人所熟知，從1970年代起便活躍於模型外盒的繪製等各種領域。但讀者也不能忘了他的另一個身分，那就是從戰前到平成13（2001）年去世為止，持續在第一線從事創作的畫家小松崎茂最後一名隨侍在側的弟子。

第4章要介紹的是小松崎老師想出來的各種幻想科學武器。當時出於推廣國防科學知識等目的，在昭和15（1940）年8月號至昭和20（1945）年3月號的《機械化》月刊上進行連載，經過上田先生重新編排、考證之後，將這些內容呈現在讀者眼前。用電影DVD或藍光光碟的豪華版來比喻的話，就像是特別收錄的獨家片段。

小松崎老師後來繪製的少年漫畫雜誌卷頭插畫，以及《雷鳥神機隊》、《星際戰爭》等模型作品的外盒圖案也同樣為人所熟知。請大家好好欣賞小松崎老師稱之為「我想出來的最強武器」的這些作品，並感受洋溢其中的浪漫情懷。

（文／浪江俊明）

「機械化」的未來武器
小松崎老師筆下的世界 其1

這座雷達塔（測距儀）的靈感應該是來自英國軍艦？
主砲塔200㎜砲
副砲塔75㎜砲

●**1000噸戰車（1943年11月）**
由於得到蘇聯正在開發的情報，因此日軍也想打造這樣的移動要塞。

二戰期間發行的國防科學雜誌《機械化》在２０１２年時曾重新出版。

　這本雜誌中非常多的未來武器都是出自我的老師小松崎茂先生之手。

　老師構思的武器涵蓋了陸、海、空所有軍種，本書則挑出戰車加以介紹。

　嗯，小松崎老師的創意實在驚人啊！

力挽狂瀾!!將敵人全數殲滅!!

●防空戰車（1942年8月）

配備達文西連射砲
3列2聯裝的砲管會依序射擊，提升連射速度。
（老師似乎沒有考慮格林機砲……真可惜）

●無線電導引戰車（1942年6月）
（無線電信標）

配備了無線電，有如現在利用GPS建構出網路的戰車

●高射砲戰車（1941年8月）

小型聲音測位器
（在還沒有雷達的時代所想出來的）
配備高射砲與高射機砲

●變色龍戰車（1941年）

配備自然迷彩器
能在戰場上改變顏色

擁有防空機槍、水面用螺旋槳等，對自爆武器而言可謂奢侈的裝備

●陸上魚雷（無線導引式）（1941年9月）

裝載了大型炸彈的自爆戰車
（德軍的哥利亞？）
水陸兩用，最高時速90km／h

●怪力線戰車（1942年6月）

所謂的怪力線（雷射？）是一種應用了電光線的放射線，能夠擊破敵方武器。
光憑這樣的敘述會讓人搞不太懂

老師的未來戰車具備防空機槍塔（航空器類）、立體聲式測距機、焊接或鑄造車身（可以省去畫鉚釘的工夫）等特色，不過似乎還是帶有強烈的日本戰車形象。

我曾經看過怪力線把砲管融到彎曲的造假照片，老師似乎也不太清楚真偽究竟如何，把怪力線畫成了這種糾纏扭曲的光線。從裝了兩根角（？）的電光傳送塔也可以看出老師下過一番苦心。

無比優秀的創意武器!!用無敵戰車

為了防範空中攻擊，老師筆下的未來戰車一定都有防空機槍
用強力風扇將毒氣及火焰吹回敵人那邊真是厲害！
防空機槍塔
排氣管
輔助輪
天線
對空監視窗
潛望鏡
12.7㎜機槍
30㎜機砲
大型橡膠負重輪
（老師選擇的履帶、負重輪都是可以高速行駛的克里斯蒂型）

●**蹂躪戰車**（1942年1月）
為了碾壓敵方戰車所打造
與前一頁介紹的1000噸戰車相近
但是擁有類似壓路機的巨大履帶
武裝也十分強大
就像一座移動城堡

●**防火焰防毒氣戰車**（1941年4月）
覺得登陸英國本土的德軍有可能用得到而想出來的。配備防空、反戰車砲

●**全甲密戰車**
（1943年11月）
擁有終極傾斜裝甲的單獨式履帶戰車，配備2門無死角的25㎜砲。駕駛員的旋轉觀察裝置十分有趣。藉由車身後方的尾橇變換方向

●**一人座戰車**（1944年4月）
士兵以趴姿操縱。水陸兩用，最高時速130㎞／h，30㎜機砲可對空射擊。水面作戰時會使用收在車身兩側的浮具

從空中、海中展開反擊!!

●火箭戰車（1942年7月）
這是藉由火箭噴射突破障礙物的
跳躍戰車。
配備了與突擊虎式類似的火箭砲
●空中戰車（1944年11月）
將自轉旋翼機大型化、裝甲化
的武器。裝有40㎜機砲，可
進行空中戰鬥。在老師的畫裡
面襲擊了B29的機庫
主起落架
為履帶
配備升力螺旋槳，以底部的
橡膠緩衝墊著地
●滑行戰車（1942年9月）
這一款也是跳躍型。
伸縮式緩衝器
可使著地更流暢平穩。
105㎜砲
司令塔
◀老師沒有畫出潛望鏡與呼
吸管，圖中的是我加上去的
後方輔助輪
魚雷發射管
防潛網剪斷器
在水中可使用仰角不受
限制的魚雷發射管，在
陸地上則能以履帶行
駛。配備105㎜砲、47
㎜反戰車砲、火焰噴射
器、防空機槍。
●潛水戰車（1941年12月）
結合了潛水艇與戰車的新武器
這個有夠厲害的對吧！
●水中滑行戰車（1944年8月）
反制盟軍雷達武器的奇襲用重戰
車，能長時間在水中行動。配備
100㎜砲與防空機槍塔。砲口制
動器是新有的元素。
圖中的美軍戴的是布洛迪鋼盔。
當時還未取得M1鋼盔的情報。

夢幻陸軍裝甲部隊
小松崎老師筆下的世界 其2

小松崎老師似乎深受德軍在第二次世界大戰初所展開的閃電戰影響，想出了許多裝甲部隊用的新武器。

舉例來說，像是陸上戰車母艦或陸地航空母艦。

這些都屬於合體武器，構想領先了現今的玩具界許久。

這個單元就來介紹老師替日本陸軍想出來的各種祕密武器吧。

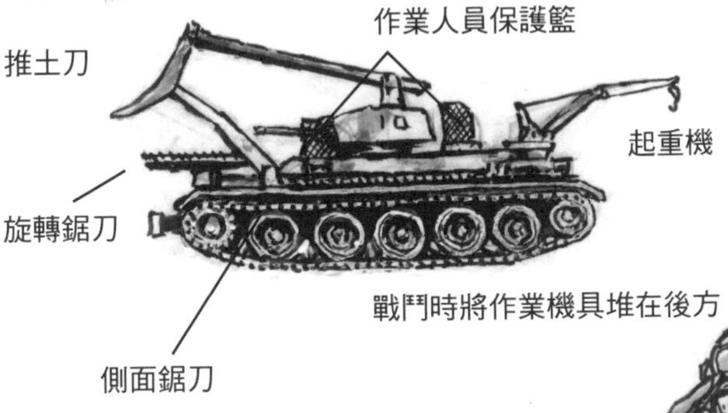
作業人員保護籃
推土刀
起重機
旋轉鋸刀
戰鬥時將作業機具堆在後方
側面鋸刀

●叢林突破戰車（1944年）
在廣闊的叢林地帶開路的工兵戰車
是為了日本的南方作戰所想出來的
相信這應該說明了日軍所遭遇的苦戰吧

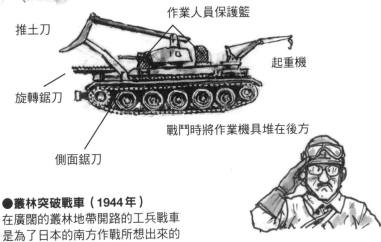

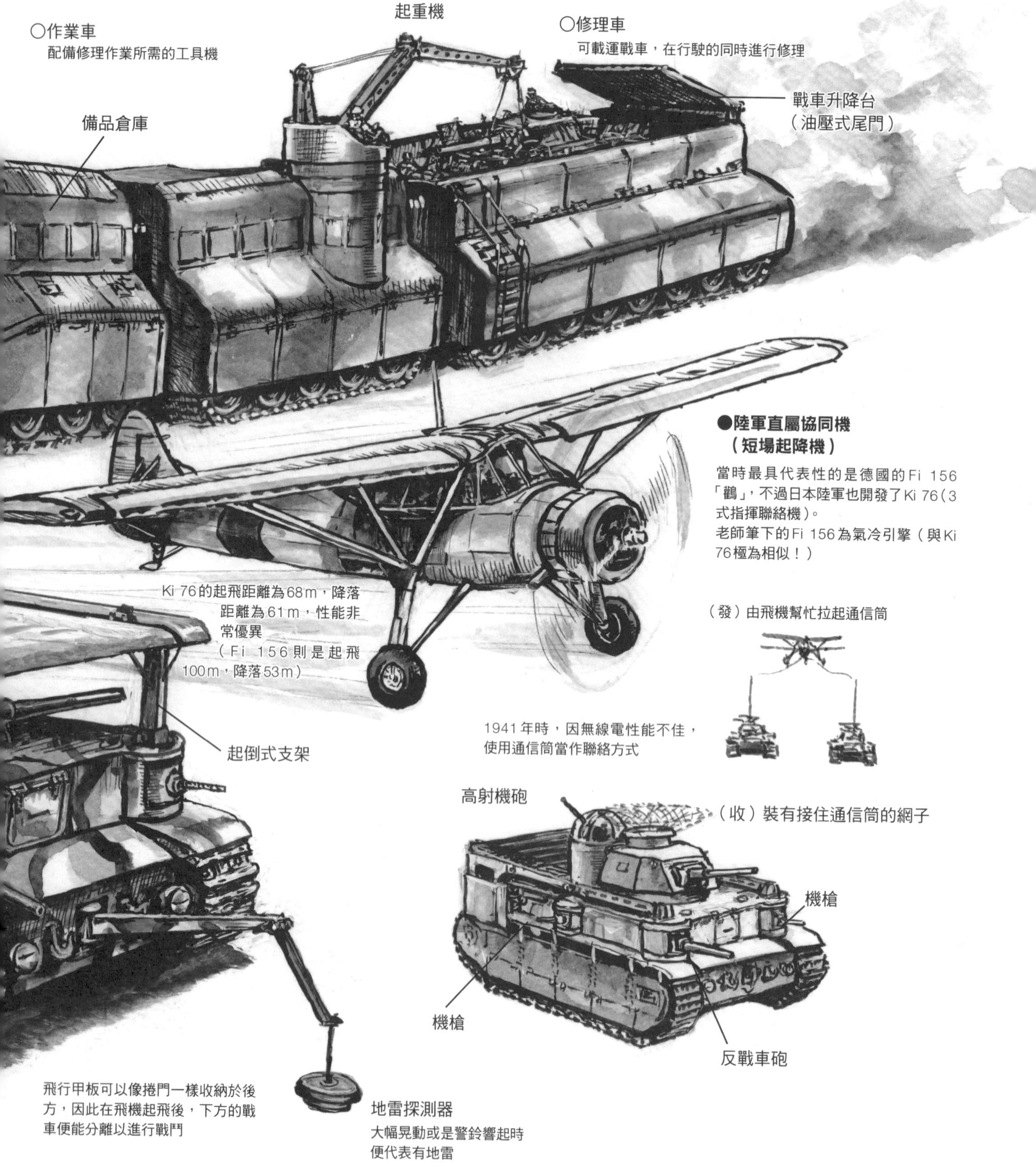
○作業車
配備修理作業所需的工具機
起重機
○修理車
可載運戰車，在行駛的同時進行修理
戰車升降台
（油壓式尾門）
備品倉庫
●陸軍直屬協同機
（短場起降機）
當時最具代表性的是德國的Fi 156「鸛」，不過日本陸軍也開發了Ki 76（3式指揮聯絡機）。
老師筆下的Fi 156為氣冷引擎（與Ki 76極為相似！）
Ki 76的起飛距離為68m，降落距離為61m，性能非常優異
（Fi 156則是起飛100m，降落53m）
（發）由飛機幫忙拉起通信筒
1941年時，因無線電性能不佳，使用通信筒當作聯絡方式
起倒式支架
高射機砲
（收）裝有接住通信筒的網子
機槍
機槍
反戰車砲
飛行甲板可以像捲門一樣收納於後方，因此在飛機起飛後，下方的戰車便能分離以進行戰鬥
地雷探測器
大幅晃動或是警鈴響起時便代表有地雷

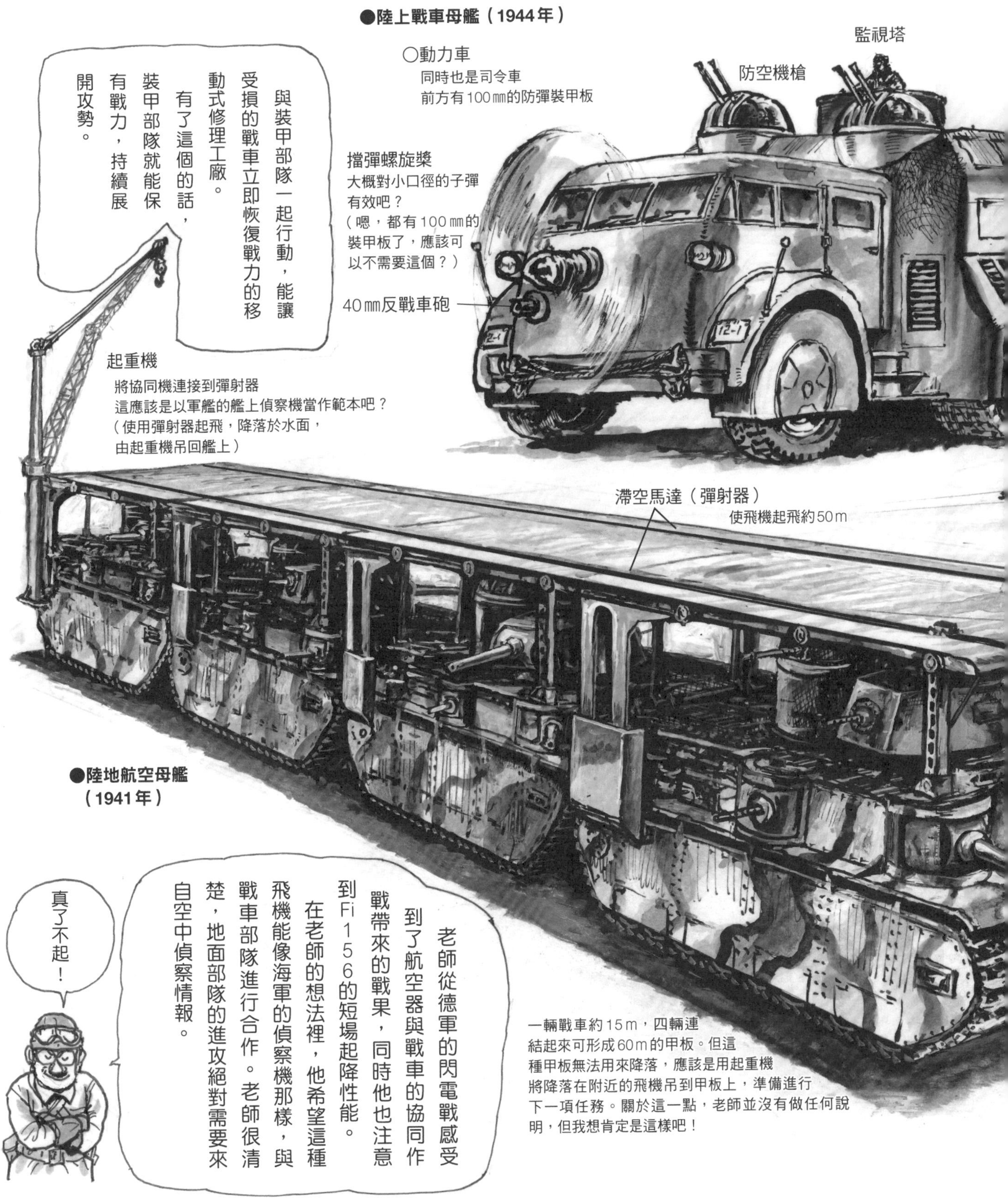
●陸上戰車母艦（1944年）
○動力車
同時也是司令車
前方有100㎜的防彈裝甲板
監視塔
防空機槍
擋彈螺旋槳
大概對小口徑的子彈有效吧？（嗯，都有100㎜的裝甲板了，應該可以不需要這個？）
40㎜反戰車砲
與裝甲部隊一起行動，能讓受損的戰車立即恢復戰力的移動式修理工廠。有了這個的話，裝甲部隊就能保有戰力，持續展開攻勢。
起重機
將協同機連接到彈射器
這應該是以軍艦的艦上偵察機當作範本吧？（使用彈射器起飛，降落於水面，由起重機吊回艦上）
滯空馬達（彈射器）
使飛機起飛約50m
●陸地航空母艦（1941年）
一輛戰車約15m，四輛連結起來可形成60m的甲板。但這種甲板無法用來降落，應該是用起重機將降落在附近的飛機吊到甲板上，準備進行下一項任務。關於這一點，老師並沒有做任何說明，但我想肯定是這樣吧！
老師從德軍的閃電戰感受到了航空器與戰車的協同作戰帶來的戰果，同時他也注意到Fi156的短場起降性能。在老師的想法裡，他希望這種飛機能像海軍的偵察機那樣，與戰車部隊進行合作。老師很清楚，地面部隊的進攻絕對需要來自空中偵察情報。
真了不起！

空中戰車軍團

傘兵部隊可說是現代戰爭中的耀眼明星，如果配備了戰車的話，一定會成為所向披靡的部隊

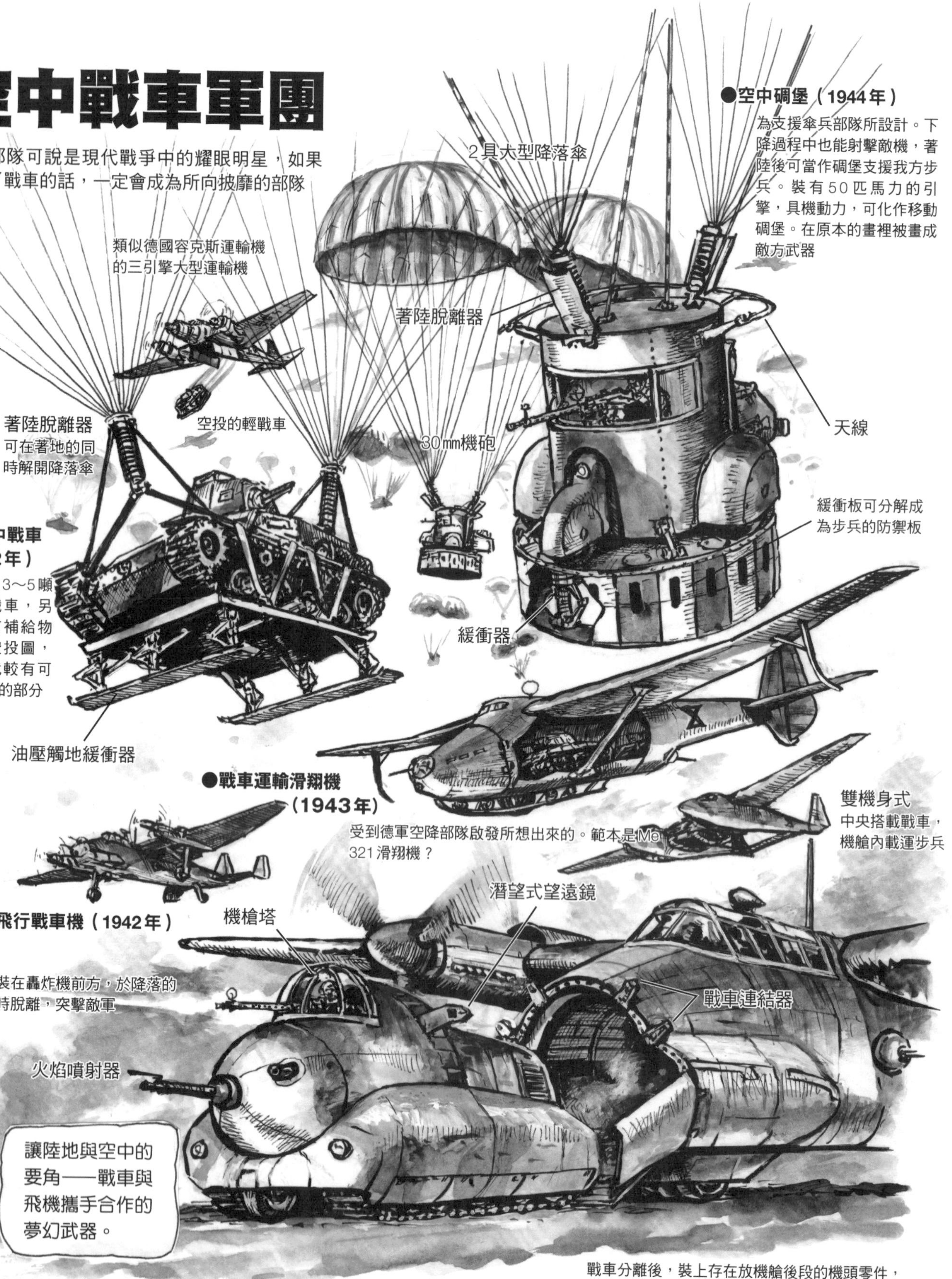

2具大型降落傘
●空中碉堡（1944年）
為支援傘兵部隊所設計。下降過程中也能射擊敵機，著陸後可當作碉堡支援我方步兵。裝有50匹馬力的引擎，具機動力，可化作移動碉堡。在原本的畫裡被畫成敵方武器
類似德國容克斯運輸機的三引擎大型運輸機
著陸脫離器
天線
著陸脫離器
可在著地的同時解開降落傘
空投的輕戰車
30mm機砲
緩衝板可分解成為步兵的防禦板
●空中戰車
（1942年）
設定為3～5噸的輕戰車，另外還有補給物資的空投圖，屬於比較有可能實現的部分
緩衝器
油壓觸地緩衝器
●戰車運輸滑翔機
（1943年）
受到德軍空降部隊啟發所想出來的。範本是Me 321滑翔機？
雙機身式
中央搭載戰車，機艙內載運步兵
●飛行戰車機（1942年）
機槍塔
潛望式望遠鏡
安裝在轟炸機前方，於降落的同時脫離，突擊敵軍
戰車連結器
火焰噴射器
讓陸地與空中的要角──戰車與飛機攜手合作的夢幻武器。
戰車分離後，裝上存在放機艙後段的機頭零件，然後起飛

◎《機械化》與畫家小松崎茂

《國防科學雜誌　機械化》的世界

《機械化》是１９４０年８月至１９４５年３月發行的月刊雜誌，創刊目的是「向青少年推廣國防科學知識，並普及國民機械化運動」。

這本雜誌的前身為１９３７年設立的陸軍外圍組織——機械化兵器協會的雜誌《機械化兵器》，或許因為這樣，《機械化》創刊號的期數標示是「第三卷第五號」。委託發行商株式會社海山堂是１８９６年創立的老牌公司，起初主要出版教科書，後來改以工業及技術類書籍為主，於２００７年解散。

光看開頭介紹的創刊目的，可能難以想像這本雜誌的內容。《機械化》的特色是內容編排以陸海空軍事技術及科學技術的啟蒙為主，就拿接近太平洋戰爭開戰的１９４１年11月號來說，目錄中包括了「戰時國民須知」、「現代戰爭的特質」、「大砲發明以前的時代」、「飛機機翼的演變」、「關於航海儀器」、「義大利的魚雷人」等標題，可以看出內容五花八門。

不過，這本雜誌最大的特色，還是幾乎在每期彩頁刊載的新構想武器或未來武器的介紹。

也就是將「我所想像的最強武器」具體化。這股潮流並非《機械化》所獨有，當時的雜誌或多或少都有這樣的內容。不過，《機械化》的水準明顯高出一截，而最大的功臣就是本書作者上田信先生的老師——畫家小松崎茂。

小松崎茂的加入

小松崎茂１９１５年出生於東京，２００１年去世，其偉大的一生礙於篇幅關係便暫且略過，但他是一位揚名世界的畫家，上田先生現在也仍稱他為「我的老師」。以報紙小說的插畫出道的小松崎在《機械化》創刊時年僅25歲，但已負責繪製封面及新構想武器。

如果以陸海空的分類來看他筆下的「新構想武器」，陸有「火箭戰車」、「千噸大戰車」、「怪力線戰車」等，海包括了「雷擊艇母艦」、「新型防空戰艦」、「大洋上的巨大機場」等，空則有「空中戰車」、「平流層轟炸機」、「空中碉堡」等各式各樣令人感到刺激、期待的武器。令人驚訝的是，這些武器幾乎都是小松崎自己想出來的，並且還負責解說，因此經常可以看到「構想、作畫　小松崎茂」這樣的標示。當然，以現在的觀點來看，有些東西可說是荒誕無稽，充滿了吐槽點，但像「新型防空戰艦」（在他的構想中配備了18吋砲、遭砲火擊中時混凝土會凝固的飛行甲板、雙引擎戰鬥轟炸機！）中，「相信在不久的將來，就會有這種無敵戰艦在海上行駛、大顯身手了吧。這樣的戰力在空中或砲擊時，想必也會展現無敵的戰鬥力」之類充滿想像空間的結語，肯定令人興奮不已。雖然實際的格局縮小了不少，但防空巡洋艦、防空驅逐艦等武器都具體實現了他的構想。我們也不難想像，每期刊載的超級武器令當時的讀者多麼興奮期待。

另外，小松崎十分多產，他還以三村武、最上三郎等不同名字發表作品，「一人座戰車」等武器所標示的「構想：小松崎茂　作畫：最上三郎」總有種滑稽的感覺。

隨著戰況惡化，《機械化》的頁數開始變少，還等不到二戰結束便不得不休刊。

《機械化》在戰後也未曾復刊，成了一本「夢幻的雜誌」。透過２０１４年出版的《機械化　小松崎茂の超兵器図解》（左圖），讓我們得以了解小松崎生前詳細的作品及貢獻。

在距離小松崎出生已超過百年，進入了令和時代的現在，《機械化》與小松崎留給我們的浪漫情懷依舊閃亮耀眼。

（文／松田孝宏）

◀《機械化　小松崎茂の超兵器図解》
Architect發行／Holp出版發售
定價（¥3,200＋稅）

空想德軍武器

小松崎老師筆下的世界 其3

為征服多佛海峽的天險，老師所想出來的登陸用船艦。把這當成登陸據點的話，就算沒有沙灘也能直接登陸英國本土。

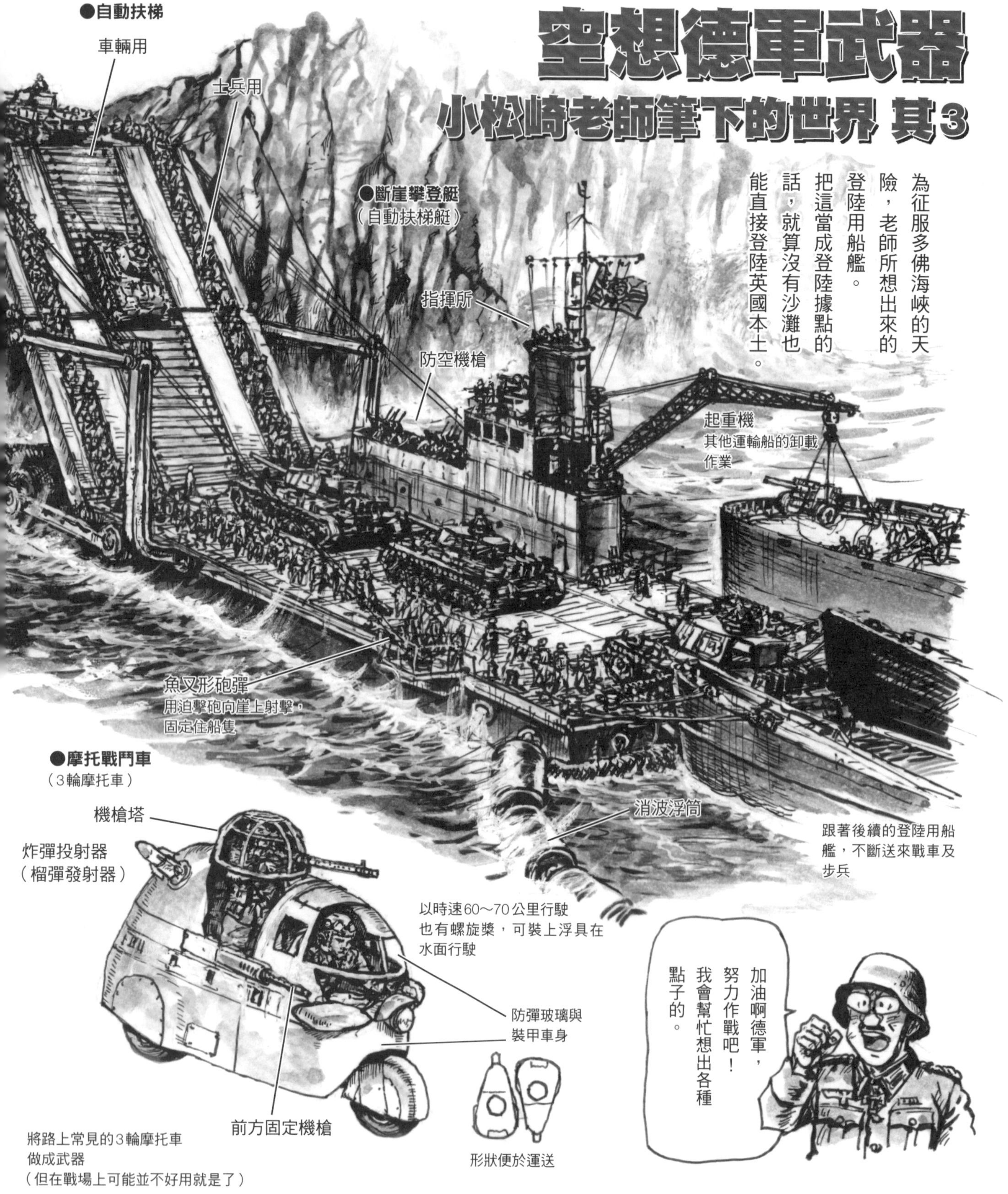

■德軍發動閃電戰朝倫敦進軍（1941年4月～6月）

讓英國也見識一下德國的機械化部隊在
進攻波蘭及法國時所展現的威力！

●超重戰車
500噸的重戰車
果然要靠這個等級
的戰車擊潰敵方
配備火焰噴射器
●跳躍戰車
可輕鬆跳躍10m前進
●強風戰車
在其1中也曾介紹的
防毒氣、火焰戰車
●野砲戰車
（Ⅲ號突擊砲）
老師在畫的時候，
手邊似乎沒有突擊砲的照片
他畫成與跳躍戰車底盤相同，
並增加了防空機槍，實在厲害
●螺式突擊砲戰車
可將來自正面的敵方砲彈
全部彈開
地雷探測器
●步兵突擊車
3人座，為降低車身高度，
以趴姿搭乘
可說是前面介紹過的
一人座戰車的放大版，
屬於步兵支援車輛
13㎜機槍
要趴著對空射擊可能很困難
防彈板下有浮袋
火焰噴射器
老師似乎很喜歡火焰噴射器呢
可以排在河中搭成橋
3輪摩托車
也可以在水面浮航

在德蘇戰爭的冬季戰場上，德軍因結凍與嚴寒而陷入苦戰，於是老師想出了水陸兩用連結戰車

●冰上巡洋艦（1941年3月）

砲兵觀測鏡
協同機（偵察、轟炸機）
起重機
彈射器
火焰噴射器
150㎜砲
防空機槍
除雪鏟
反戰車砲
以車輪行駛速度可達120㎞／h
路況不良時以履帶行駛
◎戰鬥車
◎砲車
◎起居車

●雪上水雷艇（1941年11月）

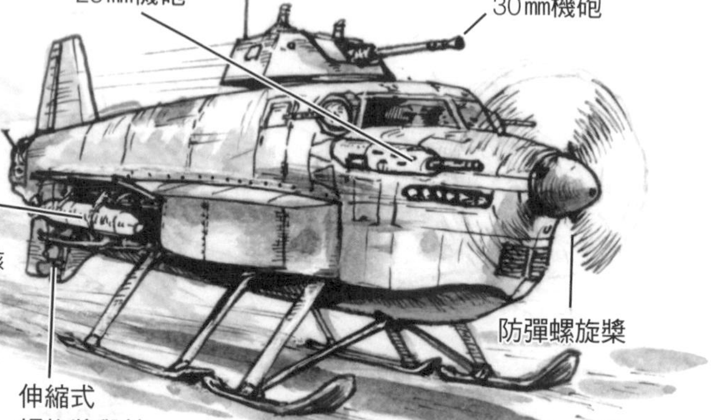
25㎜機砲
30㎜機砲
尾部槍座
雪上魚雷
雖然裝了雪橇，
但用火箭彈應該
也可以
防彈螺旋槳
伸縮式
螺旋槳與舵

不僅能在冰上航行，
夏季可裝上車輪
當作裝甲車使用
冰上時速200㎞
雪上魚雷為無線操縱

●巨大自走砲（1944年1月）

2輛40噸等級的戰車中間連結了200㎜加農砲的移動砲台

測距儀
對空機槍
原始版本裡畫有
觀測用的雷達車

巨大自走砲的靈感
來自於不需要鐵軌的列車砲

有時老師會單靠他接受到的情報
畫出德國的新武器
以下這些就是例子

●防空塔（1943年7月）

「近來在德國各城市建造的防空塔」

雷達
8門重高射砲
躲避處

實際上是四方形的建築，屋頂有四座聯裝砲（右圖為實物▶）

●流線型戰車（1943年7月）

「根據最新情報，德軍在北非戰場使用了流線型戰車，應該就是最新型的五號戰車」

實際的豹式戰車

311

五號戰車就是豹式沒錯，但應該沒有去北非吧？

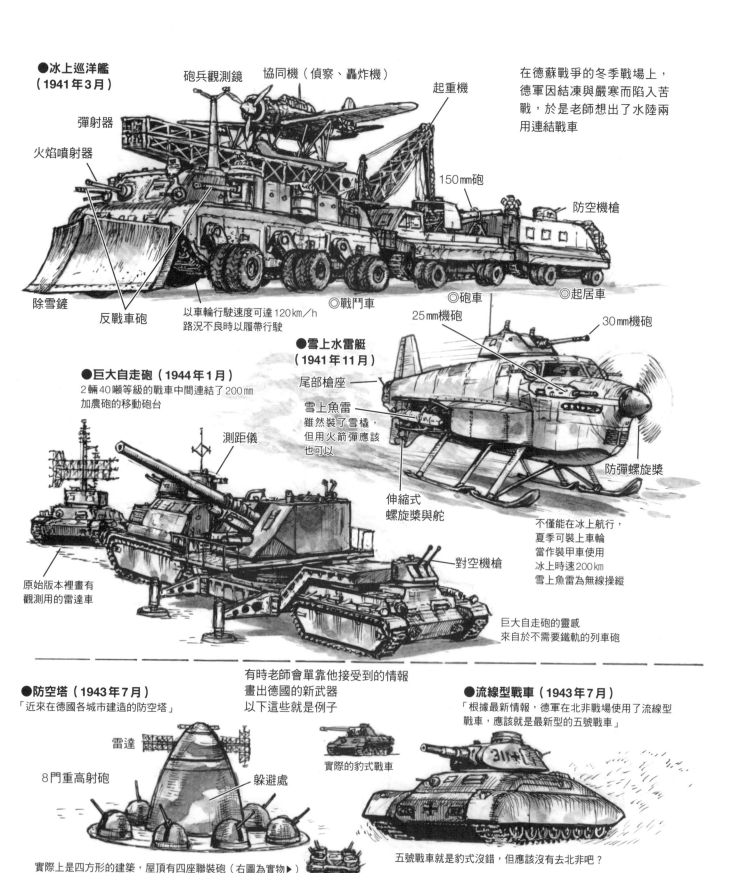

●大防空塔
旋轉的鋼鐵塔頂
可彈開炸彈
防空戰鬥機He162升空迎擊
老師的畫似乎是He100
滅火水槍
滅火中
裝有雷達
大防空塔是用厚實
的裝甲與混凝土建
造，可將炸彈反彈
至溝渠中
溝渠
老師的畫裡畫的是探照
燈，但這裡應該要放防
空機槍吧！
車輛通道
重高射砲
地下停機通道
在附近的機場降落
藉由自動扶梯從這裡前往出
擊地點
民眾躲避處
探照燈
●戰車要塞
反戰車砲
用電動的旋轉圓筒與混凝土製戰車障礙守衛國界，讓敵軍一兵一卒都無法進入。
火箭砲
鐵拳或是Raketenwerfer
偽裝網
動力室
機槍孔
就算強行通過
也會掉進這條水溝
在老師的畫中，邱吉爾及雪曼戰車
在要塞前紛紛被擊潰

主要参考文獻

新戦史シリーズ・戦車対戦車　三野正洋著　朝日ソノラマ
戦車と機甲戦　野木恵一著　朝日ソノラマ
戦車マニアの基礎知識　三野正洋著　イカロス出版
21世紀の戦争　落合信彦訳　光文社
兵器最先端④機甲師団　読売新聞社
日本の戦車　原乙未生／栄森伝治／竹内昭著　出版協同社
平凡社カラー新書㊻世界の戦車　菊地晟著　平凡社
ジャガーバックス・戦車大図鑑　川井幸雄著　立風書房
学研のX図鑑・戦車・図解戦車・装甲車　学習研究社
万有ガイドシリーズ⑰戦車　小学館
戦車名鑑　1939～45　光栄
ミリタリー・イラストレイテッド⑩世界の戦車　光文社
M-IAI戦車大図解　坂本明著　グリーンアロー出版社
大図解最新兵器戦闘マニュアル　坂本明著　グリーンアロー出版社
図鑑世界の戦車　アルミン＝ハレ／久米穣訳編　講談社
芸文ムックス・戦車　ケネス・マクセイ著　芸文社
メカニックブックス⑭レオパルト戦車　浜田一穂著　原書房
間違いだらけの自衛隊兵器カタログ　アリアドネ企画　三修社
ジャーマン・タンクス　富岡吉勝翻訳監修　大日本絵画
世界の戦車1915～1945　ピーター・チェンバレン／クリス・エリス著　大日本絵画
M48／M60パットン　モデルアート社
最新ソ連の装甲戦闘車輛　山崎重武訳　ダイナミックセラーズ
図解ドイツ装甲師団　高貫布士著　並木書房
プロファイルズスーパーマシン図鑑⑤世界の名戦車　講談社
陸戦の華戦車　藤田實彦／中村新太郎著　小学館
ヤンコミムック・戦車大図鑑　少年画報社
少年フロクゴールデンブック　光文社
機械化 小松崎茂の超兵器図解　アーキテクト発行　ほるぷ出版
ソビエト・ロシア戦闘車両体系（上・下）　ガリレオ出版
クビンカ戦車博物館コレクション　ロシア戦車編　モデルアート社
クビンカ戦車博物館コレクション　ドイツ戦車編　モデルアート社
コンバットコミック　日本出版社
「PANZER」誌　サンデー・アート社
「戦車マガジン」誌　デルタ出版
「グランドパワー」誌　デルタ出版
「軍事研究」誌　ジャパン・ミリタリー・レビュー
「丸」誌　潮書房
「モデルアート」誌　モデルアート社
「世界の戦車年鑑」　戦車マガジン
「自衛隊装備年鑑」　朝雲新聞社
週刊・少年サンデー図解百科特集　小学館
週刊・少年マガジン図解特集　講談社
週刊・少年キング図解特集　少年画報社
「タミヤニュース」誌　田宮模型
Tanks Illustrated Series, ARMS&ARMOUR
New Vanguard Series, OSPREY
Aero ARMOR SERIES, AERO PUBLISHERS
ARMOR IN ACTION Series, SQUADRON
Motorbuch Militärfahrzeuge Series, MOTORBUCH
PROFILE AFV WEAPON'S Series, PROFILE PUBLICATIONS
BELLONA Military Vehicle PRINTS Series, BELONA PUBLICATIONS
SHERMAN, PRESIDIO
United States Tanks World War Ⅱ by Geoge Forty, BLANDFORD
BRITISH&AMERICAN TANKS of WW Ⅱ, ARMS&ARMOUR
THE GREAT TANKS by Peter Chamberlain, HAMLYN
Modern Land Combat, SALAMANDER
TANKS AND ARMORED VEHICLES 1900-1945, WE.INC.PUBLISHERS
Tanks and Armoured Fighting Vehicles of the World NEW ORCHARD EDITIONS
Armoured Fighting Vehicles by John F.Milsom, HAMLYN

後記

我在開頭的「序」也曾提到，時隔多年後重看自己小時候戰爭漫畫全盛時期的少年雜誌內容，覺得如果以現在的風格重現那種充滿氣勢的筆觸及版面編排，應該會很有意思，於是我開始在《月刊Armour Modelling》上進行連載。這本書便是連載內容經過增添、修改後集結而成的「戰車特集、圖解」。

最後則整理了我的老師小松崎茂在《機械化》上發表的作品，我也是到最近幾年才得知實物的存在。在昭和時代初期便提出了這些構想與設計，讓我重新體認到老師的厲害之處。

因此，有別於《ドイツ陸軍戦史 ヴェアマハト》、《日本戦車隊戦史》、《世界の戦車メカニカル大図鑑》等我自己過去的作品，本書是依類別或衍生車輛進行介紹。

最後在此由衷感謝購買本書的各位讀者，謝謝大家。

話說回來，現在都沒有像S型戰車或梅卡瓦那樣劃時代的戰車了呢。

2019年5月15日 上田信

作者簡介

上田 信　SHIN UEDA

1949年出生於青森縣。赴東京拜入小松崎茂門下後，進入以模型槍聞名的MGC宣傳部工作，後來成為專職插畫家，活躍於插畫界超過30年。作品以戰車等軍事相關題材為主，《COMBAT MAGAZINE》、《COMBAT COMIC》、《Armour Modelling》等雜誌皆有其連載專欄。著作包括《大戦車》（ワールドフォトプレス）、《コンバットバイブル》（日本出版社）、《USマリーンズ・ザ・レザーネック》、《ドイツ陸軍戦史　ヴェアマハト》、《日本陸軍戦車隊戦史》、《現代戦車戦史》、《世界の戦車メカニカル大図鑑》、《ビジュアル合戦雑学入門（東郷隆／合著）》（以上皆為大日本絵画）、《大図解世界の武器》（グリーンアロー出版社）等。

戰車大百科

戰車大百科

Original Japanese edition published by Dainippon Kaiga Co., Ltd.
Complex Chinese translation rights arranged with Dainippon Kaiga Co., Ltd.
through Timo Associates, Inc., Japan and LEE's Literary Agency, Taiwan.
Complex Chinese edition published in 2021 by Maple House Cultural Publishing

出版／楓書坊文化出版社
地址／新北市板橋區信義路163巷3號10樓
郵政劃撥／19907596　楓書坊文化出版社
網址／www.maplebook.com.tw
電話／02-2957-6096
傳真／02-2957-6435
作者／上田信
翻譯／甘為治
責任編輯／王綺
內文排版／謝政龍
校對／邱怡嘉
港澳經銷／泛華發行代理有限公司
定價／420元
初版日期／2021年1月

國家圖書館出版品預行編目資料

戰車大百科 / 上田信作 ; 甘為治譯. -- 初版. -- 新北市 : 楓書坊文化出版社, 2021.01　面；　公分

ISBN 978-986-377-647-5（平裝）

1. 戰車 2. 軍事裝備

595.97　　109017385